滨海小飞侠

朱敬恩 著

海峡出版发行集团 鹭江出版社
THE STRAITS PUBLISHING & DISTRIBUTING GROUP

图书在版编目（CIP）数据

滨海小飞侠 / 朱敬恩著. — 厦门 ：鹭江出版社，
2023.5
（"蓝色家园"原创科普丛书）
ISBN 978-7-5459-2107-6

Ⅰ．①滨… Ⅱ．①朱… Ⅲ．①鸟类－中国－儿童
读物 Ⅳ．①Q959.708-49

中国国家版本馆CIP数据核字（2023）第049880号

BINHAI XIAOFEIXIA

滨海小飞侠

朱敬恩　著

出　　版：鹭江出版社
地　　址：厦门市湖明路 22 号　　　　　邮政编码：361004
发　　行：福建新华发行（集团）有限责任公司
印　　刷：福州德安彩色印刷有限公司
地　　址：福州金山工业区　　　　　　**联系电话：0591-28059365**
　　　　　浦上园 B 区 42 栋
开　　本：700mm×1000mm　　1/16
印　　张：11.25
字　　数：65 千字
版　　次：2023 年 5 月第 1 版　　　　2023 年 5 月第 1 次印刷
书　　号：ISBN 978-7-5459-2107-6
定　　价：28.00 元

如发现印装质量问题，请寄承印厂调换。

目录

秋风信使

比武大赛开始了

在中国漫长的海岸线上，生活着形形色色的水鸟。它们在不同的环境中繁衍生息，练就了不同于其他鸟类的独门绝技。根据不同的祖传秘诀，水鸟们被分为不同的门派。为了在残酷的大自然中生存下来，鸟儿们从一出生就要不停地磨炼，历经重重挑战和考验，最终逃过优胜劣汰的魔咒，成为幸存者。

这不，一年一度的比武大赛——秋季迁徙又要开始了！

数百万年来，这项每次都要持续好几个月

的大型比赛从未间断过，就算遇到暴风雪等突发极端天气，也都照常进行。不过每一年大赛开始的具体时间并不固定，而是要看秋风信使的日程安排。

今天没安排，开始吹起来！

　　夏至刚过，阿拉斯加北极地区的水鸟营地里就迎来了不速之客——秋风信使。这位面容冷峻的信使向不同门派的水鸟们发布了比武大赛选手选拔征集令。

　　秋风信使发布的征集令很快就在冰原上

传播开来，并在那些还没参加过迁徙的新生代水鸟中引起轩然大波。面对即将到来的全新挑战，这些没有经验的年轻水鸟们窃窃私语，议论纷纷。它们有的摩拳擦掌，跃跃欲试，一副胸有成竹的架势；有的却惴惴不安，吓得蜷缩在一起。

收到征集令的各大水鸟门派长老们，不得不马上行动起来，召集派内所有成员，积极操练，准备全力以赴，迎接这场大考验。在未来的几个月里，它们将沿着海岸线一路南下，过关斩将，完成比武大赛，到达温暖的南方过冬。

如果再不行动，冬魔很快就会尾随秋风信使而至，把阿拉斯加地区变成冰封的不毛之地。冬魔还将一路南下，在它的魔爪下整个中国北方也将很快裹上厚厚的冰雪。到那时，来不及迁徙的水鸟不仅将遭受冬魔严酷的折磨，还可能因为在冰天雪地中找不到食物而饿死。

所以，尽管未来的这场迁徙是一场漫长

而艰难的旅程，但对鸟儿们来说，艰难跋涉总好过待在冰冷的北方等待死神降临。何况，除了做好迎接迁徙途中风雨雷电袭击的准备，不同门派的水鸟还准备在此次迁徙中角逐各大奖项，比如"捕鱼能手奖""捉虫先锋奖"等各项鸟界荣誉呢。

不想当冠军的鸟不是好鸟！

这些奖项的设立主要基于鸟类飞行、捕食、应变三大能力的比拼。只有飞得节能高效、吃得膀大腰圆、能够沉着应对环境变化的鸟儿，才有机会脱颖而出，成为优胜者。

"咚咚咚——"比武大赛就要开始了。
比赛结果如何？让我们拭目以待吧！

号外，号外！
滨海鸟类比武
大赛即将开始，
请速速报名！

2

大赛评委
新手好紧张

参加比武大赛的鸟类选手们已经跃跃欲试，即将开启惊险刺激的旅程。现在轮到比武大赛的评委出场了。

第一位评委是来自福建沿海城市——厦门的四年级小学生阿境。

阿境的爸爸是一名资深的观鸟爱好者，他有很多志同道合的朋友，和他一样热爱观鸟。他的朋友中还有鸟类学研究专

第一次当评委，有点儿紧张！

家呢。阿境从小就经常跟爸爸去海边观鸟，知道福建位于全世界9条候鸟迁徙路径之一的"东亚—澳大利西亚"路线上，见过很多南来北往的水鸟。可那时候他还小，连双筒望远镜都拿不稳，更扛不动观察水鸟常用的单筒望远镜和脚架，所以最多只能看看爸爸和叔叔阿姨们拍摄的照片，没办法实时观察，一点儿也不过瘾。但现在不一样了，阿境的个头已经超过1.3米，是个大孩子了。今年生日，阿境收到了梦寐以求的礼物：一架精致的观鸟用双筒望远镜。有了观察水鸟的利器，这次出门观鸟，他肯定要好好看个够！

好期待呀！都有哪些鸟类选手来比赛呢？

比武大赛的另一位评委是来自福州的三年级小学生禾妹。她的妈妈和阿境的爸爸一样，

也是观鸟爱好者。阿境与禾妹从小就认识，因为他们的爸爸妈妈，以及许多酷爱观鸟的叔叔阿姨们经常追随迁徙的"鸟儿军团"到各地观鸟，组团外出时便经常带上阿境和禾妹。慢慢地，阿境和禾妹就成了志同道合的小伙伴，拥有共同的和观鸟有关的美好回忆。

8月初，阿境的爸爸从他的朋友——正在阿拉斯加进行鸟类研究的贾教授那儿得知，阿拉斯加的水鸟已经开始大规模向南迁徙了。阿境听说后，第一时间和禾妹分享了这个激动人心的消息。两人商量了一下，决定请大人们帮忙制定详细的观鸟计划。这样，他们就可以一路追踪迁徙的鸟类选手们。

在迁徙季节观察候鸟是每个观鸟爱好者不愿错过的乐趣。为了不错过滨海鸟类的迁徙日程，观鸟爱好者们更是早早地制定周密的观察计划。阿境的爸爸和禾妹的妈妈都是全国滨海鸟类的志愿调查者，会定期去固定的几处沿海湿地做调查。这些湿地都是迁徙中的鸟儿们喜欢停留的地方，自然也就成了它们的比武场。所以，作为比武大赛评委的阿境和禾妹，肯定要到这些比武场观摩鸟类选手们的比拼了。

　　不过，在正式观摩鸟类比武大赛之前，阿境和禾妹还有许多知识要学习，比如要弄清楚参加比武大赛的鸟类门派，以及它们各自的独门绝技。

3

大赛选手
跃跃欲试的各大门派

为了成为更专业的鸟类比武大赛评委，阿境和禾妹努力阅读家里书架上和鸟类有关的图书，并到图书馆查阅了大量资料，快速学习和水鸟有关的知识。他们知道了很多有趣的知识。

不是所有的水鸟都会游泳，更别提潜水了。比如白鹭，它只是喜欢站在浅水里觅食而已。

骨顶鸡虽然名字里有"鸡"，但其实是一种水鸟，而且是会潜水的鸟。

做一只特立独行的鸡!

骨顶鸡

根据不同的特点,鸟可以按纲、目、科、属、种等逐级分成不同的类别,也就是说鸟儿们有不同的门派。

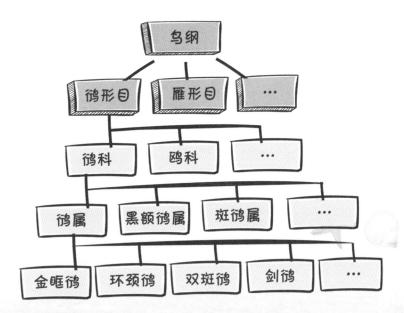

滨海小飞侠

……

爸爸每天还会告诉阿境，从阿拉斯加起飞的候鸟们当天抵达哪里了。爸爸之所以知道这些，是因为贾教授和其他鸟类科学家们给其中一些候鸟装上了最新的高科技卫星定位装置。这样科学家们坐在电脑旁就能实时了解候鸟的行踪，连它们飞行的速度都知道得清清楚楚。科学真神奇啊！

"是用北斗卫星定位系统吗？"阿境忽然想起什么，问道。

"对啊，就是我们国家自己研发的北斗卫星定位系统。"爸爸开心地回答。

看着电脑上候鸟南下的轨迹，阿境对禾妹说："我们得抓紧时间，早点学明白鸟类知识，否则等候鸟都飞到福建了，可就来不及了。"

又一个星期过去了，阿境和禾妹终于把几本厚厚的介绍常见候鸟的书翻完了，也终于弄清楚了一些常见的水鸟和它们所属的门派。

　　阿境发现，不同门派的水鸟，不仅拥有各不相同的独门绝技，在外表和习性，甚至数量上也很悬殊。比如种类繁多的鹬（yù）派，其中的黑腹滨鹬规模庞大，在有些地方数以千计地出现；而鹤派，本来种类就少，飞来福建沿海的更是少之又少，只有零星几只。

数量上相差这么多，代表各个门派出来打榜的鸟类选手在力量上自然不对等，怎么分出高下呢？阿境和禾妹越想越觉得有趣，两个人禁不住猜想各种结果。

这天晚上，阿境做了一夜和水鸟有关的梦。他不知道的是，禾妹也和他一样，梦见各种各样的水鸟围着她飞。

接下来的比武大赛，谁将是第一个出场的选手呢？

中华凤头燕鸥

会"隐身"的高手

9月初，从北极地区南下的候鸟里，有些"急性子"的已经飞到中国大陆海岸线北端的鸭绿江口。这时天气还很暖和，它们并不着急继续南下。

这些早早出发的候鸟大多不是今年出生的新鸟，它们在北极地区要么还没找到合适的伴侣繁衍下一代，要么因为其他原因错过繁殖的时机，于是提前南下。它们作为去年比武大赛的成功晋级者，生存能力已经得到了验证。

对阿境和禾妹来说，这些候鸟"先遣部队"

是值得仔细观察的对象，但是福建位于温暖的南方，要想在福建看到鸭绿江口那些水鸟的身影，还要等好一阵子呢。

不过阿境和禾妹也不着急。这个时候，福建还有很多夏候鸟尚未离开。它们在福建繁殖，等天更冷的时候才飞去热带地区过冬。禾妹的妈妈刚好休假，决定带禾妹去闽江河口湿地观鸟，禾妹开心极了。可阿境因为爸爸出差，没办法出门，只有羡慕的份儿了。禾妹安慰他说："阿境哥哥，到时候我们会录视频，分享给你看。""好吧！"也只能如此，不能亲临现场，这可能是最好的补偿了。

闽江口真宽啊！禾妹并不是第一次来这里，可每次来都会被这里的风光吸引。闽江水与海水在远处汇合，就像黄色和蓝色的颜料刚刚溶解，还没完全混合时的样子。闽江口的风特别大，船摇晃得厉害，但是禾妹一点儿也不害怕。她从小就会游泳，况且身上还穿着救生衣呢。

掌舵的阿伯是老熟人了，一看到禾妹就笑得露出了大牙："几个月不见，禾妹都长这么高了。这次是来看大燕鸥的吗？"

"是中华凤头燕鸥！"禾妹认真地纠正阿伯的说法，"这可是濒危物种，被列入《世界自然保护联盟濒危物种红色名录》呢，全世界只有100只左右，阿伯怎么连名字都说错呢？"

小船停靠在江海交汇处的沙洲边。禾妹跟着妈妈下船后，从背包里拿出双筒望远镜。顿时，远处的世界一下子被推到了眼前，变得清清楚楚。

妈妈也举起双筒望远镜扫视前方，很快找到了一群正在休息的大凤头燕鸥。密密匝匝的大凤头燕鸥正聚在强烈的阳光下休息。中华凤头燕鸥会不会也在其中呢？禾妹催促妈妈赶紧支好三脚架，架起放大倍数更高的单筒望远镜。

看到了！看到了！透过单筒望远镜，禾妹看到了两只羽毛颜色明显比周边大凤头燕鸥淡、喙尖有个小黑点的中华凤头燕鸥。

鸟类选手证

鸟名：中华凤头燕鸥

门派： 鸟纲鸻形目鸥科

体长：38—42厘米

体重：48—85克

特长： "隐身术"和长距离飞行

分布区域：中国、印度尼西亚、韩国、马来西亚、菲律宾和泰国等

栖息环境：海岸岛屿

生活习性：主要以鱼类为食，也吃甲壳类动物、软体动物和其他海洋无脊椎动物；常在水面上觅食

所有的燕鸥都在沙洲上静静地迎风站立

着，或卧卧着。为什么它们要迎风站而不是像人类那样背风站呢？妈妈的回答解开了禾妹的疑惑："背风站，羽毛就会被吹起来，那样对鸟儿们来说可一点儿也不舒服。"

工业污染造成有害藻类大量繁殖，过度消耗水中的氧气，鱼虾因此缺氧大量死亡，以鱼虾为食的水鸟缺少足够的食物，生存受到威胁。又因为一些入侵蛇类吞食鸟蛋和雏（chú）鸟，水鸟的数量急剧减少。中华凤头燕鸥是最惨的受害者之一，十几年前被发现时只有几只，在鸟类学家和很多志愿者的共同努力下，现在有100多只了，这真是一件了不起的事！禾妹一边看一边想。

突然，禾妹的电话手表响起来，是阿境打来电话。

"禾妹，你们看到中华凤头燕鸥了吗？"一接通，阿境就着急地问。

禾妹妈妈在一旁听到了，说："我们看到了，

你等一下，我用手机接上单筒望远镜，这样你也可以看到了！"

"太棒了！看到了，看到了，好漂亮啊！"阿境被中华凤头燕鸥俊朗飘逸的外表吸引住了，在电话另一头兴奋地喊起来。幸亏电话外放的声音被海风吹散，否则这样大喊大叫是会吓飞鸟儿们的。

"中华凤头燕鸥为什么总和大凤头燕鸥混在一起呢？"看着镜头中被大凤头燕鸥团团围住的中华凤头燕鸥，阿境忍不住问了一句。

"这就是中华凤头燕鸥的'隐身术'啊！"禾妹的妈妈回答道，"中华凤头燕鸥数量非常稀少，行踪隐秘，所以外号叫'神话之鸟'。它们总是混迹在外表和它们非常相似的大凤头燕鸥群里，这样一是为了躲避鹰、隼等天敌，防止形只影单时被袭击；二是避免在警戒上耗费精力，保证自己有充足的时间休息、觅食。将自己'隐藏'起来，大树底下好乘凉，是不是很聪明？”

"啊——这算什么独门绝技呀？"禾妹听了妈妈的解释后有一点儿失望，觉得中华凤头燕鸥并没有想象中厉害。

"在自然界里，只要是能提高生存概率的本领，都是厉害的'武功'。"

在电话另一头的阿境听了禾妹妈妈的话，不禁陷入沉思：是啊，鸟儿们修炼 "武功"

最终就是为了在自然界的优胜劣汰中生存下来，所以只要有用就好了。

　　"那其他鸟儿有什么'武功'呢？"阿境已经按捺不住好奇心了，"等爸爸出差回来，我也要去海边看鸟。"

5

白额燕鸥
空中闪电手

　　爸爸出差回来后，阿境激动地告诉他自己通过视频看到中华凤头燕鸥的事。爸爸听出了阿境心底的羡慕，于是说："这个周末我带你去看看燕鸥吧。福建能看到中华凤头燕鸥的地方不多，但海岛上有很多其他种类的燕鸥在繁殖，趁它们还没离开，我们抓紧时间去看看。"阿境听了，急忙把这个消息告诉禾妹。这一次，轮到禾妹羡慕了。

　　周末，爸爸带阿境来到漳州的东山岛。这里的海看起来比厦门的更大更蓝，沙滩也更大

更平整。

刚到渔港，阿境就看到白额燕鸥在近岸的海面上飞。阿境知道这种小巧轻盈的燕鸥不是他们今天的观察目标，但还是被它们吸引住了。它们个头很小，只有巴掌大，却身姿矫健。一只白额燕鸥正在海面上搜寻鱼虾，它先是压低翅膀，缓慢地掠过水面。发现目标时，它快速振动双翅，将身子悬停在半空，眼睛紧紧盯着水面下的鱼儿。等机会成熟，它便将头朝下，身体倒悬，双翅用力一扇，然后猛地收紧，闪电般刺向水面。还没等阿境反应过来，它已经骄傲地从水中冲出来，嘴上叼着一条运气不太好的小鱼。

"真帅啊！"阿境一边看一边赞叹。爸爸告诉阿境，夏季人们在海边游泳，很多浅水处的小鱼因此受到惊扰，纷纷跳出水面，于是机灵的白额燕鸥就围在游泳的人头顶上飞，等待最佳的捕食机会。

鸟类选手证

鸟名：白额燕鸥

门派：鸟纲鸻形目鸥科

体长：22—27 厘米

体重：56—60 克

特长：高超的捕食技能

分布区域：欧洲、亚洲、非洲和大洋洲

栖息环境：海岸、河口、沼泽

生活习性：常成群活动，以鱼虾、水生昆虫为主食

"那它们会不会啄人？"阿境忍不住问。

"傻孩子，我们又不是它们的食物，它们才懒得把力气浪费在人类身上呢！"

船很快驶离了港口。出了港湾后，船开始摇晃起来，好在今天没什么风，海面还算平静，船有一点儿摇晃反而让阿境感到兴奋。阿境注意到，离海岸越远，海水的颜色越深，船在翡

翠一般的海面上犁开了一道翻滚的"沟"。

我忙着呢，一家子大大小小还等着我赚"鱼"糊口呢！

白额燕鸥

　　这时，零零星星飞过来几只个头较大的燕鸥。不过，船还在开，摇摇晃晃的，让人没法仔细观看。爸爸看出阿境有些着急，便安慰道："不着急，这些燕鸥就在前面的海岛上繁殖，一会儿我们靠近了慢慢看。"

　　船驶出一段距离后，港口看不到了，远处隐隐约约出现的一些小岛，不时被涌起的海浪遮住。阿境想起语文课上学到的一句诗，改了改，对爸爸说："遥看海中岛，出没风波里。"爸爸笑着拍了拍阿境的脑袋。

阿境忽然想起禾妹，但他发现在海上手机没有信号。哎，看来今天是没办法和禾妹分享出海的快乐了。

小小的船在一望无际、空荡荡的海面上晃晃悠悠。望着依然在远处的海岛，阿境觉得时间过得太慢了。无聊之中，他竟不知不觉地睡着了。

"儿子，快醒醒，到了，到了！"

阿境被爸爸摇醒，睁开眼睛，蒙蒙眬眬之中，漫天的鸟儿在盘旋，形成一个巨大的漩涡。顿时，阿境一下子清醒了。"哇——太壮观了！"阿境激动不已。

小船停靠在小岛边。先前隐约可见的小岛，这下子变成了像高楼一般巍峨的巨石。这里是褐翅燕鸥的繁殖地。经过一个夏天的成长，今年新出生的小鸟已经学会飞翔。岛上的石头被

阳光晒得很烫，上面的空气温度比周围海面上的高。于是，气流上升，周边温度较低的空气

不断补充进来，这样小岛上空就形成了一股不断向上的气流，上千只褐翅燕鸥就在这股气流里盘旋，像一股巨大的翻滚向上的喷泉。

当盘旋到高处时，一些褐翅燕鸥调整了一下翅膀的角度，滑出那股上升的气流，向大海深处飘去。船附近也飞翔着一些褐翅燕鸥，因为离得近，阿境可以清楚地观察它们。这些褐翅燕鸥有着极修长的翅膀，因而对空气的流动很敏感，可以利用空气密度的变化，在海面上快速变换各种飞行姿势，这让阿境想起北京冬奥会大跳台上那些在空中连续翻转的运动健儿们。

"褐翅燕鸥不像中华凤头燕鸥那样稀少，但能在天地间如此自由自在地飞翔，真让人羡慕啊！那燕鸥的独门绝技是飞行能力吗？"阿境忽然想起了什么，问道。

"嗯，没错，燕鸥是动物中的'飞远冠军'。北极燕鸥迁徙距离最长，它们可以从南极洲飞

到遥远的北极洲地区，穿越整个地球呢。"

小船往回行驶时，经过一片海上养殖场，养殖场的浮标上停着很多粉红燕鸥。它们也是燕鸥亚科这一门派的成员之一，大小介于褐翅燕鸥与白额燕鸥之间，有着更长更飘逸的长尾羽，胸口呈现出淡淡的粉红色。它们很喜欢成双结对地挤在一起，时不时相互摩擦摩擦喙，梳理梳理羽毛，就像关系很好的小伙伴。忽然，一只粉红燕鸥飞了起来，落到阿境乘坐的小船后，猛地从飞溅起的浪花中抓住一条小鱼，然

感情是要花时间培养的！

后径直飞回它的小伙伴身边，把小鱼作为礼物送给了对方。它的小伙伴可一点儿也不客气，一口就吞了下去。

　　小船距离码头还有一段距离，手机信号恢复了。阿境迫不及待地拨通了禾妹的电话，告诉她今天可算见识了燕鸥的"绝世武功"，惹得电话另一头的禾妹羡慕不已。

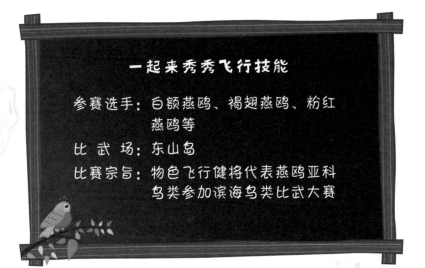

一起来秀秀飞行技能

参赛选手：白额燕鸥、褐翅燕鸥、粉红燕鸥等

比 武 场：东山岛

比赛宗旨：物色飞行健将代表燕鸥亚科鸟类参加滨海鸟类比武大赛

翻石鹬和三趾滨鹬

谁才是沙滩上的王者

时间过得真快，转眼国庆假期结束了，空气中开始弥漫着秋天的气息。

上次在东山岛观察褐翅燕鸥时，阿境留意到：对燕鸥们来说，沙滩基本上是休息的地方。尽管偶尔沙滩上的小螃蟹和小蠕虫可以成为燕鸥们的开胃菜，但分量太少，只有大海里的鱼虾才能满足它们的好胃口。而且，沙滩看似松软，其实很坚硬。小螃蟹和小蠕虫的洞深不可测，它们逃跑的速度快得惊人。要凿开洞，挖出小螃蟹、小蠕虫可是一件费力的事。阿境在赶海时，总觉得满眼都是猎物，却怎么也抓不住，只能空手而归。在沙滩上捕捉猎物，燕鸥们可不比阿境强多少。

沙滩上真正的捕猎能手是小型鸻（héng）鹬类。

在刚刚过去的国庆假期，阿境和禾妹跟着爸爸妈妈，以及许多爱好观鸟的叔叔阿姨们去了泉州湾祥芝沙滩。那是一片漫长的美丽沙滩，生活着好多鸻鹬类。这次观鸟后他们一致认为：在沙滩这个比武场上，冠军非小型鸻鹬类莫属。至于它们中哪一种更厉害，阿境和禾妹的看法还有分歧。

一开始，阿境觉得翻石鹬最厉害。它一身黑色的羽毛，点缀着棕红色的斑块，漫步在沙滩上，时而驻足凝视，时而急速奔跑，一察觉到猎物，便歪着脑袋，将匕首一样的嘴巴插入小石头下的沙滩里，用力甩头，将石头撬起来，吓得躲在石头下面的蠕虫和小螃蟹们纷纷

逃散。翻石鹬哪里肯放过它们，它像箭一样冲上前去，一口一个，吃得可开心了。真是名副其实的"翻石"鹬啊！这种翻石头的功夫，让其他同类望尘莫及！

鸟类选手证

鸟名：翻石鹬

门派：鸟纲鸻形目鹬科

体长：18—24 厘米

体重：82—135 克

特长：无敌铁嘴功

分布区域：在北极圈冰原带繁殖，在西欧、非洲西北部、南非、印度、东南亚、澳大利亚、南美洲、美国东南部、夏威夷群岛，以及中国的海南、广东、福建和台湾等地越冬

栖息环境：潮间带、河口沼泽或礁石海岸

生活习性：觅食时常用微微向上翘的嘴翻开海草或小石头，找寻藏在下面的沙蚕、螃蟹等小动物

但禾妹的想法和阿境不一样，她认为最佳沙滩捕猎能手当属铁嘴沙鸻！铁嘴沙鸻是不折不扣的"大力士"。它那黝黑粗壮的喙，就像武林高手手中用千年玄铁锻造的利刃。它将利刃般的喙插入沙子里，

铁嘴沙鸻

咬住蠕虫的一头，像拔河一样将蠕虫从沙洞里扯出来，而蠕虫的身子就像毛线球一样越拉越长，有时拉得比铁嘴沙鸻的个头还长。最后，铁嘴沙鸻用力一甩头，把蠕虫整条拔了出来。铁嘴沙鸻的"铁嘴"就是它的秘密武器呢。

"铁嘴沙鸻虽然厉害，但金斑鸻和灰斑鸻的表现也不赖！"阿境抗议道。

"但是金斑鸻、灰斑鸻更喜欢待在滩涂上，

要不就在农田和盐田里睡大觉。沙滩不是它们的主战场，在沙滩上它们可不占优势。"禾妹观察得很仔细。

听了两个孩子的对话，禾妹妈妈提醒道："你们觉得环颈鸻和金眶鸻怎么样？"

"它俩的个头太小了！"阿境和禾妹异口同声地回答。

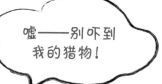

阳光真好，适合发呆！

嘘——别吓到我的猎物！

金眶鸻

环颈鸻

"不能以个头大小来论本事噢。它们虽然个头小，本领可不小呢。"阿境爸爸插了一句。

于是，禾妹仔细观察起这两种不起眼的小鸟。环颈鸻的羽毛基本是沙棕色或灰褐色的，和沙滩的颜色接近，不容易被天敌发现，后颈有白色的领圈，就像戴着白色的围脖。金眶鸻也戴着"围脖"呢，而且有两圈，上面一圈是白色的，下面一圈是黑色的。它最大的特点是眼睛周围有一圈金黄色的眼睑，就像戴着镶金边的眼镜，真是鸟类里的"斯文先生"！环颈鸻和金眶鸻的个头都很小，只比阿境和禾妹的拳头大一些，但它们就像永动机一样，总是不知疲倦地四处奔跑，一会儿将喙插入沙子底下觅食，一会儿又像箭一般追逐从沙洞里冒冒失失钻出来的和尚蟹。和尚蟹的速度快得惊人，可怎么逃得过环颈鸻和金眶鸻的截杀呢？毕竟它们除了是跑步健将，还是飞翔能手呢！

"今天的冠军就是金眶鸻了，虽然环颈鸻

也不赖，但金眶鸻戴着漂亮的'金边眼镜'，凭外表应该加分！"禾妹觉得自己的理由非常充分，很是得意。

"冠军应该是三趾滨鹬！"没想到阿境爸爸和禾妹妈妈异口同声地说。说完，两人还对视了一下，同时哈哈大笑起来。

鸟类选手证

鸟名：三趾滨鹬

门派：鸟纲鸻形目鹬科

体长：约20厘米

体重：48—85克

特长：无敌的韧劲

分布区域：繁殖于北极地区，越冬于非洲、东南亚和澳大利亚，迁徙时经过中国

栖息环境：北极冻原苔藓草地、海岸和湖泊沼泽地带

生活习性：常随落潮奔跑，同时捡食海浪冲刷出来的食物

在大人们的指引下，阿境和禾妹举起了望远镜：在远处的沙滩上，一群三趾滨鹬就像一个个抹了煤灰的小雪球。它们的羽毛看起来比其他鸻鹬类白。一只只正低垂着头，随海水的涨落，在浪花里来回奔跑，就像毛茸茸的雪球在"滚来滚去"。海浪涌上来时，它们就像听到号角一般，集体掉头，往沙滩上狂奔，如同战败撤退的士兵；海浪后退时，它们又发起冲锋，紧追着海水前进，于是刚从沙子里钻出来喘气的贝壳和小鱼虾，马上成了它们的口中餐；等海浪反扑回来，它们又集体撤退。如此反反复复，三趾滨鹬们却乐此不疲，没有退缩或放弃。

"三趾滨鹬真是一群可爱又顽强的小生灵啊！"阿境和禾妹不禁感叹道。

那谁才是沙滩上的比武冠军呢？这看来是道无解的难题。

滨海小飞侠

比比谁的嘴更厉害

参赛选手：翻石鹬、铁嘴沙鸻、环颈鸻、
　　　　　金眶鸻、三趾滨鹬等
比 武 场：泉州湾祥芝沙滩
比赛宗旨：选出能代表鸻鹬类实力的选
　　　　　手参加滨海鸟类比武大赛

苍 鹭

守株待兔的 "雕塑"

周六早晨七点半，阿境被禾妹的电话吵醒。

"阿境哥，今天早晨我看到一只苍鹭从我家窗外飞过。苍鹭也到厦门了吗？"

"来了呀，爸爸说今天要带我去看呢。"阿境兴奋地说，"你家楼下不就是闽江河口湿地吗？你下楼也能看到。"听阿境这么一说，禾妹立刻决定出门看苍鹭去。

吃过早饭，禾妹来到闽江边，远远就看到一只苍鹭站在近岸的水里。它长着细长的腿、细长的身子和细长的脖子，像一位娴静优雅的

少女。此刻它正将脖子缩在胸口，低着头，将长剑一样的喙指向水面。

鸟类选手证

鸟名： 苍鹭

门派： 鸟纲鹳（guàn）形目鹭科

体长： 75—110 厘米

体重： 940—1750 克

特长： 无敌的耐心

分布区域： 欧亚大陆与非洲大陆

栖息环境： 江河、溪流、湖泊、水塘、海岸等水域的岸边及浅水处

生活习性： 性格孤僻，常独立于沼泽边；在浅水区觅食，主要捕食鱼和青蛙

"它看上去好专注，一定是准备捕食了！"禾妹这样想着，就在合适的距离站定，端着望远镜准备捕捉苍鹭捕食的精彩瞬间。然而，一

分钟过去了，两分钟过去了……整整十分钟过去了，禾妹拿望远镜的胳膊又酸又疼，可那只苍鹭却仍一动不动。禾妹泄气地放下望远镜。这苍鹭真是奇怪，那些白鹭、池鹭也都喜欢站立，可好歹过一会儿就会走动一下，梳理梳理羽毛，伸伸脖子，可这只苍鹭怎么就纹丝不动呢，难道是一座雕塑？这么想着，禾妹又朝那只苍鹭走近了几步。

忽然，它抬了抬翅膀，耸了耸身子。"不是雕塑！"禾妹赶紧停下脚步，害怕继续靠近会惊扰它。等禾妹站住后，苍鹭又恢复了先前的模样，变成了一只一动不动的"雕塑鸟"。

禾妹忍不住打电话问妈妈。妈妈笑着说："苍鹭就是这样，所以它有个外号叫'长脖老等'，就是'老是在等'。"听了妈妈的解释，禾妹心想：原来如此，看来苍鹭和武林高手无缘了，动都不爱动，怎么可能成为高手呢？在电话另一头的妈妈似乎猜到了她的心思，提醒

道："你可不要小瞧苍鹭噢！'不动如山，动如疾风'，可是中国武术的精髓之一噢！""我哪有！"禾妹虽然嘴上这么说，却忍不住把目光转移到苍鹭附近的白鹭身上。

一只白鹭在离苍鹭不远的地方慢悠悠地踱步。它不时将一只黄色的脚伸进水里猛抖，就像触电了一样，看上去很滑稽。白鹭在当地非常常见，所以禾妹对它们的行为很熟悉。它不是在跳霹雳舞，这是一种觅食策略——原本躲在浅水区石缝里的小鱼小虾被它这么一抖，会惊慌失措地跑出来，继而落入它的圈

白鹭

套。果然，白鹭猛地将喙扎入水里，等它直起脖子的时候，嘴里正叼着一只拼命挣扎的小鱼呢。

透过望远镜，禾妹眼角的余光扫到了苍鹭。它忽然动了，原本缩着的长脖子以迅雷不及掩耳之势弹了出去，长喙直插水中，等它从水中抬起头时，一条个头不小的罗非鱼已被它剑一样的长喙直接刺穿，正挂在上面呢。苍鹭将脖子一伸，把罗非鱼往上一甩，随即张开大嘴，接住垂直落下的罗非鱼。吞下罗非鱼后，苍鹭又恢复了之前的模样，站在原地纹丝不动。这一幕发生得如此快速，令禾妹怀疑自己刚才是不是在做梦。

禾妹终于明白了妈妈的话。苍鹭不仅比它的鹭科亲戚们拥有更长的腿、更锐利的喙，还拥有更多的耐心，所以可以如此省劲地"守株待兔"。

不出禾妹所料，阿境今天也领教了一把"长

脖老等"的厉害。不过，让禾妹没想到的是，阿境和他爸爸今天在厦门翔安的湿地还看到了草鹭。除了黄褐色的羽毛外，草鹭和苍鹭很相似：体型差不多，性情也相似，都很懒，不爱动。不过，草鹭不像苍鹭那样经常站在显眼的地方摆出一副我行我素的模样，而是害羞地躲在水草丛里。但草鹭可不是吃"素"的，它的食谱中有很多是生活在水草丛里的蛙类和鼠类，比苍鹭的食谱更丰富。今天阿境在湖边的草丛里搜寻鸟类时，忽然来了一阵风，将周边的菖蒲全都吹弯了，顿时，一只脖子伸得老长、抬头正将长喙指向蓝天的草鹭，像一根笔直的细

这是我的高调时刻！

草鹭

木桩子，一下子暴露在阿境眼前。阿境激动地拽了拽爸爸的衣角。可风很快停了，菖蒲又遮住了草鹭，阿境爸爸没有眼福，看不到那精彩的一幕。

在比拼耐心的这一轮比赛中，你觉得白鹭、苍鹭和草鹭谁更胜一筹呢？

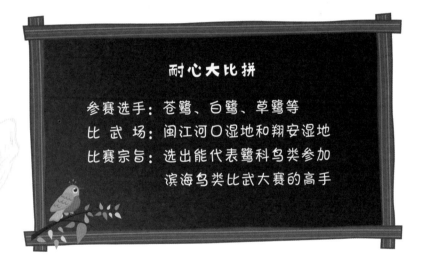

耐心大比拼

参赛选手：苍鹭、白鹭、草鹭等
比 武 场：闽江河口湿地和翔安湿地
比赛宗旨：选出能代表鹭科鸟类参加
滨海鸟类比武大赛的高手

奇奇怪怪的嘴

"嘴上功夫" 大比拼

爸爸又要去做鸟类调查了。

"爸爸，我们福建最重要的水鸟栖息地在哪里呀？"阿境问正在整理装备的爸爸。

"兴化湾，福清和莆田之间的海湾。"爸爸一边回答一边把计数器、双筒望远镜等装备和观鸟手册放入背包。爸爸的观鸟手册已经翻看很多年了，都卷边了。

对水鸟那么熟悉的爸爸为什么还要带上观鸟手册呢？"你还有不认识的鸟吗？"阿境不解地问。

"当然，万一遇上一只迷鸟，不是本地常见的，还是要查阅一下的。"

"什么是迷鸟？是迷路的鸟吗？"

"没错，就是在迁徙途中因为种种原因迷失方向，偏离正常迁徙路线的鸟。"

兴化湾和之前阿境、禾妹到过的沙滩都不一样。这里竟是一望无际的滩涂，乍一看，就是黑黢（qū）黢的淤泥，远不如一般的沙滩干净漂亮，也不如长满芦苇的滨海湿地美观。但大人们说，这可是一片肥沃的土地，在黑黢黢的淤泥下生长着大量的蛏子、蛤、牡蛎、柱头虫、螃蟹、螺和弹涂鱼呢，因而也是讨海人的乐园——等潮水退了，人们可以在滩涂上淘到许多"宝贝"。所以，对人类和迁徙的鸟儿们来说，这片滩涂是一个巨大的宝库。

阿境跟着大人沿着海堤慢慢行进。海风非常大，吹得阿境连站都站不稳。奇怪的是，阿境几乎看不到什么鸟儿。爸爸指着堤下的一片

滩涂说："你用望远镜看看。"阿境端起望远镜。哇，在不远的地方，至少有数千只黑腹滨鹬正密密麻麻地挤在一起休息呢。它

黑腹滨鹬

们黑褐色的羽毛和黑色的滩涂完美地融为一体，难怪仅凭肉眼看不出来。它们的隐身术可比中华凤头燕鸥的厉害多了。

这次调查，禾妹和她妈妈也来了。滩涂上，阿境和禾妹陆陆续续看到一些翘嘴鹬。它们的喙是微微上翘的，而黑腹滨鹬的嘴是细细长长、稍稍向下弯曲的。在浅水区和潮沟中，他们还发现了嘴和腿都又细又长又直的黑翅长脚鹬，以及喙朝上弯曲成新月状的反嘴鹬。和它们混群的还有青脚鹬、红脚鹬、泽鹬，以及个头稍大一点的斑尾塍（chéng）鹬、黑尾塍

大杓鹬

鹬，这几种鹬的喙粗细有别，不过都是近乎笔直的。最特别的是白腰杓（sháo）鹬和大杓鹬，它们个头大，站在鹬群里就像一只小鸵鸟，但鸵鸟的嘴可远不如它们的有趣。它们的喙长得不可思议，而且是向下弯曲的。

各种形状的喙就像鸟儿们的武器一样，各有各的特色和用途。阿境正想和禾妹讨论一下鹬的喙为什么长得奇形怪状时，阿境爸爸喊他们过去，说看到了好东西。由于他俩的个子还不够高，阿境爸爸特地调整了一下三脚架的高度，让禾妹先看。透过望远镜的镜头，她看到一只小鸟正把喙埋在水里，左右摆动，和其他在浅水中搜寻食物的鸻鹬类姿势完全不一样，却与反嘴鹬的觅食动作很像。只不过反嘴鹬长

着灰蓝色的长腿，黑白分明的羽毛和修长的脖子，在水中摆动时样子很优雅，而眼前这只个头小、腿短的鸟，却显得有点笨拙。等这只小鸟抬起头，禾妹在心里惊叹："天哪，怎么有

鸟类选手证

鸟名： 勺嘴鹬

门派： 鸟纲鸻形目鹬科

体长： 14—16 厘米

体重： 30—40 克

特长： 高超的捕食能力

分布区域： 分布于俄罗斯西伯利亚东北部，越冬于中国福建、广东等东南部沿海及东南亚地区，迁徙期间经过朝鲜、日本和中国

栖息环境： 海岸和湖泊、溪流、水塘等附近浅滩

生活习性： 以昆虫、昆虫幼虫、甲壳类和其他小型无脊椎动物为食，觅食时嘴在水下或烂泥里左右扫动，有时也在地面上啄食

这么可爱的小鸟啊！”它的喙的前端扁扁的，左右膨大，从上往下看时像一把勺子。当这把"勺子"张开时，从侧面看又像一只扁扁的夹子。

"叔叔，这就是勺嘴鹬，对吗？"禾妹问阿境爸爸。

"对。"

一听是勺嘴鹬，原本耐心等在禾妹后面的阿境忍不住了，拽了拽禾妹的衣服，说："禾妹，让我看看，让我看看。"没想到第一次来兴化湾就看到了全世界不足700只的极度珍稀鸟种——勺嘴鹬，阿境无比激动，感觉海堤上的大风一点儿都不冷了。

这一天，志愿者们在兴化湾做调查，一共记录了2万多只水鸟。爸爸告诉阿境，最多的时候这里有5万多只水鸟，其中有1万多只会留在这里过冬。

听到这些数字，阿境忍不住问道："滩涂就这么大，这么多只鸟都在滩涂上找东西吃，

还有人类来讨海，大家会不会互相抢食呢？"
可是一天观察下来，他好像没有看到不同水鸟
间有明显的夺食行为。

禾妹说："阿境哥，它们各吃各的啊！"

一句话点醒了阿境：滩涂上不同种类的鹬
长着不同形状的喙，这样它们就可以吃到滩涂
下不同深度的生物，比如杓鹬的大长喙可以伸
入深深的螃蟹洞，让螃蟹束手就擒；反嘴鹬向
上弯曲的喙，可以过滤水中的藻类；翘嘴鹬的
喙微微上翘，侧着头就可以吃到躲藏在礁石缝
隙里的小虾小蟹；勺嘴鹬扁扁的勺形喙，可以
轻松"舀"起浅水中的鱼虾，然后像夹子一样
牢牢夹住它们……这些可爱的小生灵因为长着
不同形状的喙而拥有了不同的觅食技能，捕捉
到不同的食物，这真是大自然的精心安排啊！

黑脸琵鹭

团结就是力量

　　在兴化湾做水鸟调查时，禾妹妈妈记录了
56只黑脸琵鹭。另一组调查队员在附近一个滨
海湿地中记录到101只黑脸琵鹭。听到这些，
所有人都露出灿烂的笑容。

　　禾妹妈妈说，20年前，全世界的黑脸琵鹭
只有900多只。这些年在各地科学家和爱鸟人
士的共同努力下，全世界黑脸琵鹭的数量达到
了6000多只。兴化湾这片广袤的滩涂是黑脸琵
鹭在中国大陆最重要的越冬地之一。

　　阿境和禾妹仔细观察着这种珍稀的鸟。

和其他水鸟相比，黑脸琵鹭中等大小，身长六七十厘米，长着扁平的像汤匙一样的长喙。因为这只长喙和中国传统乐器琵琶很相似，所以它们的名字里就有了"琵"字。可它们明明全身都长着雪白雪白的羽毛，为什么说它们"黑"呢？阿境和禾妹都很疑惑。

鸟类选手证

鸟名：黑脸琵鹭

门派：鸟纲鹳形目鹮（huán）科

体长：60—78厘米

特长：高超的捕食能力

分布区域：亚洲东部

栖息环境：内陆湖泊、水塘、河口、沼泽，以及海边芦苇沼泽地

生活习性：常单独或聚小群在浅水处活动，以小鱼、虾、蟹、昆虫等为食

阿境爸爸笑着揭开谜底："你们再仔细看看，它羽毛是白的，可脸是不是很黑？不仅脸黑，没有羽毛覆盖的地方都是黑的呢！"

阿境又仔细观察了一阵，发现爸爸说的没错。可是黑脸琵鹭最引人注目的地方不是它的"黑脸"，而是它那像汤匙一样的喙。阿境看着黑脸琵鹭低头觅食的样子，心想喙肯定是它的秘密武器。果然，爸爸说，黑脸琵鹭喙宽大的末端，布满了敏锐的感受器，能感知任何轻微的触碰。它在浅水中来回扫动汤匙一样的喙，就能轻轻松松地将附近的鱼虾兜入嘴里。为了觅食，它将雪白的长脖子扭成麻花状，可步伐却是不紧不慢、不慌不忙的。为了更高效

黑脸琵鹭

地觅食，聪明的黑脸琵鹭还采用了团队合作的方式，经常和几个小伙伴一起组成"觅食小团队"，并排推进，让那些试图躲在积水潮沟或小水洼中的鱼虾蟹螺无处藏身。阿境想，这也许就是老师常说的"团结就是力量"吧！

对于在浅水区捕食的鸟类而言，各种奇形怪状的喙就是它们的独门武器。如果黑脸琵鹭和鸻鹬类来一场"嘴巴大比拼"，谁最可能胜出呢？阿境和禾妹都觉得这个问题好难回答啊！

10

翼 镜

野鸭身上的"魔镜"

一个月前,阿境和爸爸去了厦门翔安的湿地观察草鹭。如今一个月过去了,阿境爸爸说,可以去看鸭子了。于是,这个周末他们驱车再次前往翔安的湿地。

车停稳后,爸爸拿出单筒望远镜,带着阿境在湖边找了一处隐蔽的地方架设好,然后指着湖中心的一座小岛说:"鸭子们在小岛上晒太阳呢!"

这些鸭子真够懒的,就知道睡懒觉。阿境一边想一边朝小岛上望去。

　　果然，小岛上挤在一起的是几十只不同种类的鸭子，它们羽毛的颜色看上去差别很大。可阿境却没有把握把它们一一辨别出来，只好请教爸爸。

　　爸爸说："这些鸭子的翅膀上都有明显的斑块，在阳光的照射下，会像镜子一样闪闪发光，所以叫'翼镜'。翼镜是辨别鸭子种类的重要标志。"

　　大多数雌性野鸭长着朴素、纹路变化不大的羽毛，不像它们的雄性同类们那样有一身华丽而独特的羽毛，却保留了翼镜。不同种类的野鸭，翼镜的颜色也不相同，在野外观察距离较远或快速飞行的鸭子时，闪亮的翼镜往往能帮助人们快速分辨出鸭子的种类。

　　那只野鸭的翼镜是翠绿色的，还闪烁着金属光泽，个头比其他鸭子小，肯定是外号"小水鸭"的绿翅鸭了。果然，在爸爸的指点下，阿境很快就辨认出第一种野鸭！

这只野鸭的翼镜是蓝紫色的，难道是斑嘴鸭？不对，不对，蓝紫色翼镜的两边有白条儿，是绿头鸭！

绿翅鸭

绿头鸭

这只野鸭的翼镜是灰绿色的，是雌性琵嘴鸭吗？阿境拿不准，正犯愁，这只鸭子忽然把头从脖子下面伸出来，好像刚睡醒一样，伸伸"懒腰"，露出了它扁得过分、末端膨大的喙。猜对了！这下阿境更自信了。这时，雌性琵嘴鸭旁边的雄性琵嘴鸭也醒了。不知为何，它们

鸟类选手证

鸟名：琵嘴鸭

门派：鸟纲雁形目鸭科

体长：43—51 厘米

体重：大约 500 克

分布区域：整个北半球

栖息环境：栖息于江河、湖泊、水库、海湾和沿海滩涂、盐场等

生活习性：很少潜水，却善于在水中觅食、戏水、求偶和交配；喜欢干净，常在水中和陆地上梳理羽毛、精心打扮；主要吃螺、软体动物、甲壳类、水生昆虫、鱼、蛙类等

一下子飞了起来。阳光下，雄鸟翅膀上灰蓝色的翼上覆羽与翠绿色的翼镜之间像镶嵌着一道白色的闪电。一直以来，阿境都觉得琵嘴鸭的大嘴略显笨重，看上去憨憨的，此时此刻却不得不承认：好美啊，飞翔的琵嘴鸭像一匹快速

奔跑的野马!

"落霞与孤鹜齐飞,秋水共长天一色。"看着眼前这一幕,阿境想起了语文课本里的诗句。

回家后,阿境在日记里写道:"今天我看到了不同野鸭的翼镜,我觉得这是属于野鸭的魔法。翼镜不仅能帮我们准确辨识野鸭的种类,还能在阳光的助力下,让起飞这种平淡无奇的画面产生令人惊艳的美。"

罗纹鸭

潜水健将中的舞蹈家

得知阿境和爸爸去看野鸭了，禾妹非常羡慕，于是央求妈妈也带她去。妈妈答应了，还说这次要看的野鸭和阿境看的不一样，是会潜水的野鸭。

原来，阿境看到的野鸭，像斑嘴鸭、绿头鸭等，大多不会潜水，只会在浅水处抬起屁股，把头埋进水里觅食。要是水太深，它们就够不着水底的食物了，所以这些野鸭通常生活在浅水区，能获取的食物种类比较有限，食谱比较单一。真能在近海和大一点儿的湖里搏击风浪、钻入深水中捕食的是另一类野鸭。它们通常被称作"潜鸭",因为掌握了潜水这一本领,可以吃到更多美味的荤菜,它们的食谱可比那些不会潜水的鸭子的丰富多了。

妈妈带着禾妹来到平潭岛附近的海域。这片海是寒冬里难得的食物丰富又温暖的渔场,因而成了很多野鸭迁徙时的中转站。

禾妹站在海堤上眺望,只见海面上漂浮着星星点点、随波起伏的野鸭。它们中数量最多的是凤头潜鸭,占了一半,其次是红头潜鸭,还有少量罗纹鸭,以及几只赤麻鸭。赤麻鸭通常在青藏高原生活,在中国北方的湖泊和滨海地区越冬,很少出现在南方沿海地区,可是难得一遇的"贵客"呢。

这一天风平浪静,阳光灿烂。禾妹盯着不远处的一群凤头潜鸭,心想:它们看起来没什么特别的呀,没有"凤头"呀。也许仗着数量庞大,鸭多势众,凤头潜鸭很胆大,竟然有不

少游到了堤岸附近，这和禾妹在书上读到的"野鸭与人类之间的警戒距离通常超过一百米，甚至达二三百米"出入很大。等它们游近时，禾妹睁大眼睛仔细看：阳光下，凤头潜鸭的羽毛反射出绛（jiàng）紫色光芒，枕后的一小撮"辫子"格外显眼。禾妹的脑海中马上浮现出许多名字里有"凤头"的鸟儿，她不禁咯咯笑出声来。

凤头麦鸡　　凤头鹦鹉　　　凤头䴙䴘　　　凤头潜鸭

比比谁的发型更酷！

红头潜鸭和斑背潜鸭的个头比凤头潜鸭大，不过在大海面前，它们都是小不点。它们总是在距离海岸比较远的地

红头潜鸭

方活动，非常机警。为了更清楚地观察它们，禾妹只能借助望远镜。镜头里的红头潜鸭顶着红彤彤的蓬蓬头，瞪着小眼睛，仿佛在说："我才不是胆小鬼呢，我只是喜欢在离海岸远一点儿的地方漂着。"和红头潜鸭一起漂着的是斑

斑背潜鸭

背潜鸭。它们背上有黑白相间的像鱼鳞一样的斑块，仿佛披着一件小坎肩。

在同一片海域竞技的鸭子们各有各的扮相——凤头潜鸭和红头潜鸭凭借不俗的发型让人印象深刻，斑背潜鸭靠一件"小坎肩"彰显个性。但它们和罗纹鸭相比，都太朴素了。罗纹鸭可算是整片海域中最靓的仔儿了，尤其是繁殖期的雄鸟。你看，它浑身上下没有一处不闪亮：头和颈是耀眼的铜绿色，还闪烁着紫铜色光泽；脖子上戴着白色的"围脖"；尾巴上有一撮独特的装饰性羽毛，就像戏台上将军的背旗，威风凛凛又花里胡哨。这里聚集的数百只罗纹鸭，仿佛被一只神秘的号角指挥着，

看过来，看过来，全场我最帅！

罗纹鸭

会集体有序地展开行动——突然之间，最前面的一群不约而同地钻进水里，大约半分钟后，又齐刷刷地冒出头来；几乎与此同时，后面的另一群潜入水中，接着轮到第三群。就这样，罗纹鸭们分成三群，轮流在大海上表演潜水术，俨然舞台上戴着绿色皇冠的舞者。

禾妹看得出神，不禁喃喃道："潜水健将也是水上舞蹈家呀！妈妈，它们可以潜入多深的水下呀？"

"一般潜鸭的潜水深度是2—3米，可别小看这个深度，它们身长也才几十厘米。下潜到两三米深时，它们可要承受不小的压力呢。"

"它们这么频繁地潜水，好像身上也没湿呀，真神奇。"

"这是因为鸭子们有两样秘密武器：一样是'排水神功'，它们从水里钻出来时会使劲抖羽毛，把身上的水珠甩干净；另一样是它们的尾脂腺分泌的油脂，一有空闲，鸭子们就会

不停地用喙摩擦羽毛，将油脂涂抹在羽毛上，这样羽毛就不容易沾水了。"

禾妹根据妈妈的观察记录列了一个表，给鸭子们的潜水能力排名次。但要是投票的话，禾妹最想投给罗纹鸭，因为它们不仅会潜水，还会在水上跳舞。

潜水技能比拼排名表

选手	最深潜水深度	最长潜水时间
白眼潜鸭	1米	几秒
红头潜鸭	3.5米	20秒
凤头潜鸭	4米	15秒
斑背潜鸭	6米	60秒

白颈鸦

聪明的打架能手

爸爸每次出门观鸟都会拍摄很多照片，阿境没事的时候就会翻看。这一天他无意中翻到一张小嘴乌鸦的照片。

自从在语文课上学了"乌鸦喝水"的故事之后，阿境就对乌鸦的智商佩服得五体投地。

爸爸看他盯着照片，就给他讲了一个故事。这个故事让阿境惊讶得目瞪口呆：曾有人看到一只小嘴乌鸦飞到在十字路口等待绿灯的汽车前，把嘴里叼着的坚果放在汽车轮胎前边，绿灯一亮，汽车启动，轮胎碾碎了坚果，等红灯

再亮起，车又都停下时，乌鸦便趁机衔走果仁。

爸爸说，在所有鸟类中，鸦科的智商是最高的。

"那在厦门的海边能看到乌鸦吗？"阿境好奇极了，恨不得马上就看到聪明的乌鸦。

"乌鸦多在北方，很少在南方出现。比如北京，一到冬季，城内小嘴乌鸦满天飞；城外则是大嘴乌鸦的天下。但在南方的滨海地区，几乎看不到大嘴乌鸦，连小嘴乌鸦也十分罕见。不过其他一些鸦科鸟类还是很常见的，比如你在公园里看到的喜鹊和红嘴蓝鹊……"

"什么，喜鹊和红嘴蓝鹊也是鸦科鸟类？我还以为鸦科鸟类都是黑不溜秋的呢，原来也有长得好看的。"

"呵呵，鸦科鸟类的颜值确实不太均衡，它们中有乌鸦这样不起眼的，也有绿鹊这样的鸟界选美冠军。"

"那喜鹊、红嘴蓝鹊也和乌鸦一样聪明

吗？"

"当然，喜鹊的领地意识很强，性格更凶悍。一旦它们的领地被侵犯，不管对方是何等凶猛的大型动物，它们都敢还击。不但这样，喜鹊还喜欢打架，而且是打群架，一旦出动，就成群结队，俨然一副地头蛇的模样。但它们打架可不靠蛮力，而是很讲究战术，分工明确，有的在前面负责分散对方的注意力，有的在两侧伺机进攻，还有的在后面偷袭……你说，喜鹊的智商是不是很高呢？"

"那我们赶紧去看吧。"阿境迫不及待地说。

"喜鹊在公园里就能看了，我带你去海边看乌鸦吧。"

"你不是说在南方滨海地区看不到乌鸦吗？"

"不多，但还是有的。在厦门的海边就能看到一种脖子是白色的乌鸦，叫'白颈鸦'。"

"啊？不是说天下乌鸦一般黑吗？怎么还有白脖子的乌鸦呢？"爸爸的话让阿境十分震惊。

"乌鸦是鸦科中几种羽毛黑色的鸟的俗称，不少乌鸦是浑身乌黑，但也有些鸦科鸟类，比如寒鸦、白颈鸦，身上也有白色羽毛。"

好奇的阿境决定跟随爸爸去海边一睹白颈鸦的真容。

这天海边风很大，掀起了层层雪白的浪花。空中的鸟儿们迎风奋力地飞着，有时候竟被吹得倒着飞，险些在空中"翻车"。就连个头硕大的喜鹊也有些力不从心，使劲扇翅膀却飞不动。这时，阿境看到两只"乌鸦"从防风林里飞了出来。它们张着翅膀，迎着海风放缓了速度，慢慢落在沙滩上。

阿境朝它们走近，在十米开外的地方站住。他发现它们脖子上有一圈白色的羽毛。哇，是白颈鸦！它们不像其他鸟类那样机警地与人类保持较远的距离。毕竟是鸦科，它们有足够的智商分辨人类是否表现出要伤害它们的意图，所以它们不介意人类再靠近一点儿。身穿"白色毛领大衣"的白颈鸦有时候走路摇摇摆摆的，充满暴发户逛街的气息；有时候又忽然蹦跳起来，像极了顽皮的孩子。

鸟类选手证

鸟名： 白颈鸦
门派： 鸟纲雀形目鸦科
体长： 45—54 厘米
体重： 385—700 克
特长： 高智商
分布区域： 欧亚大陆、非洲北部及太平洋诸岛
栖息环境： 平原、耕地、河滩、城镇及村庄
生活习性： 有时与大嘴乌鸦混群，以种子、昆虫、腐肉等为食

一条被海浪冲上沙滩的死鱼，个头还不小，

马上成了白颈鸦唾手可得的美餐。最早发现这条死鱼的是几只螃蟹。白颈鸦们一来，这些螃蟹吓得"嗖"地一下全都钻进了沙洞里。红嘴鸥也企图来分一杯羹，但它根本不是两只孔武有力的白颈鸦的对手，只得悻悻离开。这时，一只西伯利亚银鸥悄悄地飞过来，它个头比白颈鸦大得多，而且性格凶悍，一直是海边的恶霸，抢劫其他鸟类的口粮对它而言是家常便饭。这下是不是要轮到白颈鸦落荒而逃了？

不，白颈鸦的字典里从来就没有"怕"字，更何况现在是二比一的局面。只见一只白颈鸦继续埋头吃鱼，另一只则与西伯利亚银鸥正面对峙。当然，白颈鸦并不恋战，只是拦在西伯利亚银鸥与死鱼之间，被强行突破之后就绕到它身后，猛地冲过来啄一下它的尾巴。就在西伯利亚银鸥转身准备教训偷袭者时，原本在吃鱼的另一只白颈鸦突然也加入战斗，西伯利亚银鸥腹背受敌，应付不过来，只得掉头与新对

手缠斗。于是，先前的那只白颈鸦开始低头吃
鱼。就这样，两只白颈鸦轮流对战比自己个头
大一倍的西伯利亚银鸥，还不耽误吃鱼。

几分钟后，两只白颈鸦忽然放弃与西伯利
亚银鸥周旋，飞走了。心烦意乱的西伯利亚银
鸥以为这下终于可以独享美餐了，可低头一看，
傻眼了——只剩下一副鱼骨头，气得猛扇翅膀。

"白颈鸦巧妙合作，又聪明又勇敢，真了
不起！"阿境暗暗赞叹。

13

卷羽鹈鹕
空中战斗机

　　10月的一天晚上，刚接完电话的爸爸转过身，一脸开心地对阿境说："阿境，卷羽鹈（tí）鹕（hú）来了。这个周末就带你去看，禾妹也去。""不就是卷羽鹈鹕嘛，去年已经看过了，怎么还这么兴奋？"阿境觉得有些奇怪。

　　周末一早，阿境和爸爸从厦门出发，中午抵达罗源。横跨海湾的大桥上车来车往，海湾边去年还是工地的地方，已经盖起了一排排房子。好在海湾还在，并没有被填埋，海面上漂浮着众多水鸟，黑压压的连成一大片，都是普通鸬（lú）鹚（cí）。卷羽鹈鹕硕大的白色身影并没有出现，爸爸和阿境决定把车停在海岸边，在车里休息一会儿。

鸟类选手证

鸟名： 卷羽鹈鹕

门派： 鸟纲鹈形目鹈鹕科

体长： 160—180 厘米

体重： 330—700 克

特长： 高超的捕鱼能力、滑翔能力

分布区域： 欧洲东南部、非洲北部和亚洲东部

栖息环境： 内陆湖泊、江河、沼泽，以及沿海地带

生活习性： 喜欢群居和游泳，但不会潜水；颈常弯曲成 S 形，缩在肩部；飞行时高昂脖颈，而且整群一同飞行，姿态优美；以鱼为主食

冬日暖阳让阿境很快就进入了梦乡。梦里，一群又一群的候鸟，从阿拉斯加的暴风雪里起

飞，穿过大小兴安岭的万重山峦，在渤海湾遇见填海的精卫鸟，又在航行于大海上的集装箱轮船上歇了歇脚，然后一直朝南飞了过来，越来越近，越来越近……突然，"砰砰砰"，候鸟们撞到了阿境乘坐的飞机上。

"不要啊！"阿境大叫一声，惊醒过来。

幸亏是梦！醒来的阿境还没来得及平复心情，发现车窗外竟是禾妹的笑脸。原来禾妹和她妈妈从福州赶过来了，阿境在梦里听到的"砰砰砰"的撞击声，正是禾妹敲击车窗的声音。"你可吓死我了！"见禾妹一脸茫然，阿境赶紧把自己刚才做的梦给她讲了一遍。"飞越万水千山，候鸟们真不容易啊！"禾妹感叹道。

陆陆续续又来了一些观鸟的人。大家都静静地等待，直到日头渐渐西沉。

"来了，来了！"不知道是谁喊了一句。大家立刻兴奋起来，纷纷朝海上望去。果然，空中的几个小黑点慢慢变大，越来越大，近了，

更近了。几十只卷羽鹈鹕排列有序，就像一支
训练有素的战斗机编队，呈 V 形直飞过来，准
确地说，是滑翔过来。当它们飞过挤满普通鸬
鹚的海面时，巨大的翅膀受到上升气流的托举，
支撑着它们庞大的身躯，让它们可以轻松地在
空中傲视大海。相比之下，普通鸬鹚显得多么
渺小。禾妹仰视着空中滑翔的卷羽鹈鹕，说它
们像身材肥硕却很灵活的桑巴舞者。

卷羽鹈鹕

直到落水前的一刹那，它们才暴露出笨拙的一面——先挺直身子，将灰蓝色的双掌前伸，用脚蹼划开水面向前滑行，同时用力扇动翅膀，之后才趴下身子，恢复优雅从容的仪态。阿境很快发现，这些卷羽鹈鹕落水后做的第一件事几乎一模一样——将头、喙和硕大无比的囊袋伸入水里，再将头连扭带甩地拖出水面，这和人类洗头的姿势差不多，一副历经长途奔波、洗净尘埃后心满意足的样子。

大约一刻钟后，大家发现先前散落四处的卷羽鹈鹕慢慢聚集成规模相当的两群。只见这两群卷羽鹈鹕相向而游，同时歪着头，张开大嘴，用喙下的囊袋将鱼虾和水同时兜起；然后，像阿境说的"流口水的傻子"一样，过滤掉水，将剩下的鱼虾一口吞下。它们相向而游，目的是形成包围圈，将鱼群往中间区域驱赶，于是浅浅的海湾里上演了一幕"群鱼乱跳鹈鹕忙"的壮观景象。原来"流口水的傻子"卷羽鹈鹕

非但不傻，还很懂得合作，聪明得很呢！

　　从叔叔阿姨们的聊天里，阿境得知，40 只卷羽鹈鹕大约占了卷羽鹈鹕东亚迁徙种群数量的 1/5，也就是说途经东南亚的卷羽鹈鹕只有 200 只左右。如今它们在这只有几平方千米的海湾借宿，让观鸟爱好者们又欣喜又悲伤。这一片海湾一旦在高速发展的滨海建设中消失，那这群卷羽鹈鹕的迁徙之路就更艰难了。

14

岩 鹭

岩石上的狙击手

又到了周末，阿境爸爸受朋友邀请要去浯（wú）屿岛玩，阿境便求爸爸带上自己。

厦门湾外的浯屿岛是个面积不到1平方千米的小岛，岛上生活着很多渔民，有几处面积不大的沙滩。

现在是开渔季，浯屿岛的渔港里每天都聚集着很多满载而归的渔船。夏季满海港飞舞的白额燕鸥，现在已经飞去更温暖的东南亚，此时跟在渔船后面想随时分一杯羹的是黑尾鸥和几种银鸥。它们个头比燕鸥大不少，体态不如燕鸥轻盈，有着壮硕的身躯和如强盗一般凶悍的眼神。"怪不得动画片里的黑尾鸥和银鸥都是大反派。"望着这些你争我抢的大家伙，阿境心想。

下船后，阿境和爸爸只花了一个小时就逛遍了整个浯屿岛。尽管面积很小，岛上却有很多鸟儿。在海浪不停拍打的岩石上，阿境看到了华丽的白胸翡翠、低调的蓝矶（jī）鸫（dōng）、成群的灰尾漂鹬，还有一只神秘的岩鹭。

从小在厦门长大的阿境对鹭科鸟类并不陌生，但他还是第一次见到岩鹭。单从外表看，岩鹭可能比不上以洁白优雅著称的白鹭家族，可它也有白鹭家族可望而不可即的"武功"。在风高浪急的礁石上，岩鹭凭借一双小短腿站得稳稳当当，就像练了千斤坠。另外，灰黑色的羽毛能更有效地阻挡紫外线对身体的伤害。作为鹭科门派的一员，岩鹭同样拥有该门派最珍贵的品质——耐心。不管风浪多大，它始终

滨海小飞侠

纹丝不动、目不转睛地盯着海面，随时准备以迅雷不及掩耳之势叼起露出头的猎物。"任他风吹浪打，我自岿然不动"，用这两句话来形容岩石上等待觅食的岩鹭再贴切不过了。

鸟类选手证

鸟名：岩鹭

门派：鸟纲鹳形目鹭科

体长：25—30 厘米

体重：330—700 克

特长：高超的捕食能力

分布区域：东亚、西太平洋沿海、印度尼西亚至新几内亚、澳大利亚及新西兰

栖息环境：海岛

生活习性：喜欢单独或成小群活动，以鱼、虾、蟹、昆虫等为主食

15

中杓鹬

强者争锋，适者生存

泉州洛阳江远离潮口一侧的河道中生长着大量红树林。这些红树林差不多有一人高，有着强大的根系，可以固定住淤泥。涨潮时，红树林只有树冠露出水面，形成了一个个绿色的"岛屿"；退潮时，红树林和下面的淤泥滩一并露了出来，生活在滩涂里的螺、小螃蟹、弹涂鱼纷纷冒出头来，自然吸引了众多水鸟前来觅食。这些水鸟以苍鹭、白鹭、池鹭和夜鹭为主，还有少量的鸥和小型鸻鹬，其中最特别的要数中杓鹬。

滨海小飞侠

鸟类选手证

鸟名：中杓鹬

门派：鸟纲鸻形目鹬科

体长：38—46 厘米

体重：315—475 克

特长：超凡的应变能力

分布区域：分布于欧亚大陆北部、西伯利亚东部和北美洲北部，越冬于非洲、印度西北部、澳大利亚、新西兰、太平洋诸岛及南美洲

栖息环境：常在离树林不远的沼泽、苔原、湖泊及河岸草地活动，有时也出现在没有树的大平原

生活习性：主要吃昆虫、蟹、螺、虾等

　　生活在中国滨海地区的杓鹬有四种，分别是白腰杓鹬、大杓鹬、中杓鹬和小杓鹬。它们都有朝下弯成弧形的大长喙，白腰杓鹬和大杓鹬的喙最长，几乎和身子一样长。这两种鸟长得很像，也都喜欢在滩涂上休息和觅食。不过

88

白腰杓鹬喜欢成群出动，而大杓鹬更喜欢单独行动。小杓鹬的喙最短，而且小杓鹬对滩涂一点儿也不感兴趣。为了不变成"泥腿子"，它多在草地上找吃的。

而中杓鹬，不仅身体大小、喙的长度在几种杓鹬中属于中不溜的，对生存环境的选择也介于海滩与堤岸之间。常年跟着爸爸观鸟的阿境发现，中杓鹬除了偶尔用长喙在滩涂里啄食，或与不甘心束手就擒的沙虫进行"拔河"比赛外，也在海岸边的草地上边散步边顺嘴叼点儿小虫子当点心；但更多的时候，长满红树林的河道才是它的主战场。涨潮的时候，中杓鹬常常站在红树林树干的顶端休息，等待潮水退去，而白腰杓鹬和大杓鹬却只能飞到浅水区或者干脆上岸休息。

爸爸说，这是因为多数鸻鹬类的脚不适合站在树上，而中杓鹬选择了红树林作为主战场，久而久之就慢慢适应了红树林树上的生活。

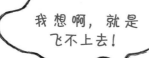

哥们，上来，
这边风景好！

我想啊，就是
飞不上去！

白腰杓鹬

中杓鹬

听了爸爸的话，阿境被中杓鹬超强的适应能力征服了。

16

小天鹅
远道而来的优雅公主

时间过得真快，学校放寒假了。

这天听《新闻联播》里说有大批大天鹅在山东越冬，禾妹就问妈妈："天鹅会不会来福建呢？"

妈妈说："会啊，在福州的闽江河口年年都能看到小天鹅呢。"

"那大天鹅呢？大天鹅不来吗？为什么小天鹅长大就不来了呢？"

"小天鹅是小天鹅，不是没长大的大天鹅。它们可是两种不同的天鹅！"

禾妹妈妈决定先给禾妹科普下这两种鸟："小天鹅和大天鹅很相似，都有修长的脖子和浑身雪白的羽毛，只是小天鹅的体型

小天鹅

稍稍小一些，正常小一二十厘米，脖子和喙也短一些。区别它们最简单的办法是看喙后端的黄颜色大小，大天鹅的会延伸到鼻孔前面，而小天鹅的只覆盖到嘴角。"

"那要近距离才看得清呢。"

"看不清就听声音，小天鹅的叫声很清脆，就像哨声，而大天鹅嗓门大，叫起来像吹喇叭。"

冬天的闽江边风很大，很冷。禾妹把自己裹成一个"雪球"，不仅穿上了羽绒服，还在外面加了一件冲锋衣，最后又戴上了厚厚的帽子，这才放心地出门。不过禾妹期待看到小天鹅的心却是火热的。远远地，她就看到一群小天鹅在距离岸边不远的浅水区低头觅食。

鸟类选手证

鸟名：小天鹅
门派：鸟纲雁形目鸭科天鹅族
体长：140 厘米左右
体重：4000—7000 克
特长：超凡的应变能力

鸟类选手证

鸟名：大天鹅
门派：鸟纲雁形目鸭科天鹅族
体长：140—165 厘米
体重：8000—12000 克
特长：超凡的应变能力

谁叫你们不会潜水呢，只能在浅水区找吃的了，禾妹心想。

这里聚集的小天鹅估计有上百只。洁白的小天鹅悠闲地浮在水面上，像一艘艘轻盈的白色小船。它们动作如此优雅，转身的时候居然不会溅起一丝水花，有时候两只小天鹅会轻轻地互相蹭脖子，或碰碰彼此的喙，仿佛在亲昵地闲聊。高兴的时候，它们会兴奋地上下晃动修长的脖子，或仰头张嘴，呼出一股热气，在空中凝成一团轻雾。

"好优雅的公主啊！"禾妹看得入迷。

和小天鹅形成鲜明对比的是旁边一伙聒噪的野鸭。它们总是吵吵闹闹，一点儿也不安分，但显然都不敢招惹小天鹅。别看小天鹅优雅温和，相处久了邻居们都知道这只是表象。一旦惹恼了它，它会瞬间从温柔的天使变成暴怒的魔鬼——挥动硕大有力的翅膀，伸直长矛一样的脖子向对方猛冲过去，绝不轻饶对方。

禾妹想起之前盘旋在脑海里的问题："为什么小天鹅来我们这儿过冬，大天鹅却不来呢？"

妈妈说："大天鹅的主要越冬地和小天鹅的主要越冬地不同，这样大家就分开了，不用挤在一起抢食物了。毕竟无论是大天鹅还是小天鹅，都是以水生植物的叶、根、茎和种子为主食，偶尔才吃一些螺和水生昆虫。另外，大天鹅的块头儿比小天鹅大，体重一样时，大天鹅拥有更小的体表面积，更耐寒，所以只要食物足够，大天鹅更愿意待在北方过冬。"这下禾妹明白了，只是她之前从来没想到，原来块头儿大在越冬上也是一种优势。

望着候鸟云集的闽江河口湿地，禾妹终于明白这里为什么被称为"东亚—澳大利西亚"候鸟迁徙通道上的重要驿站。

望着泥沙淤积成的河口浅滩，禾妹突然羡慕起小天鹅来，要是能像小天鹅一样在空中翱

翔，就可以俯瞰这片神奇湿地的全貌了。于是，禾妹问妈妈可不可以让无人机飞到空中拍摄一下。没想到这个请求遭到妈妈的拒绝。

妈妈说："现在候鸟云集，无人机很可能惊扰鸟群，我们不能为了满足自己的好奇心就去打扰在这里歇息的候鸟。"

禾妹觉得妈妈说得对，对野生动物最好的保护就是不打扰它们。

白 鹤

爱冒险的独行侠

"阿境，新年到了，有什么想做的事？"晚饭后，爸爸问阿境。

"我想去鄱（pó）阳湖看白鹤，但担心时间不够——寒假过了一半，可我还有很多作业没做呢。"阿境的声音里有一丝无奈。

"看白鹤不用去鄱阳湖，明天我带你去石狮看！"

"啊？爸爸，你可不准骗人！白鹤不是在鄱阳湖越冬吗？石狮在晋江的出海口，怎么会有白鹤呢？"

"傻孩子，鸟是有翅膀的啊，总有那么一两只特立独行的鸟不肯从众嘛，还有一些因经验不足而飞错路线或掉队的，成了迷鸟。"

"太好喽，可以看到白鹤啦！"

"忘了告诉你，禾妹明天也会一起去。"

"耶！耶！"阿境欢呼起来。

在前往目的地的路上，爸爸给阿境科普了一些知识：晋江出海口原先是一片海边滩涂地，后来被当地人开发成稻田、养虾塘、荷塘和弹涂鱼养殖场。后来，在城市建设中，人们发现，这片人工湿地成了水泥森林中仅存的具有生态价值的湿地资源，就将它保留下来。

到了目的地，阿境和禾妹发现：和之前去过的天然湿地不同，这片人工湿地被无数横平竖直的塘埂分割成一块块方格，不同的方格里长着不同的水生植物，水深也不一样，吸引了不同种类的水鸟前来栖息。

白鹤看中的应该是这片湿地中的荷塘。距

离阿境大约 500 米远的地方就站着一只白鹤。而在离它 100 米远的地方，有一个扛着长焦相机的人正企图靠近它。阿境他们走到距离白鹤大约 300 米的地方停住，这一距离观察鹤类这

鸟类选手证

鸟名： 白鹤

门派： 鸟纲鹤形目鹤科

体长： 130—140 厘米

体重： 5100—7400 克

特长： 无畏的冒险精神

分布区域： 欧亚大陆

栖息环境： 植被茂盛的水边

生活习性： 迁徙、越冬时常常集成数十只，甚至上百只的大群，呈"一"字或"人"字形飞行；采食时常将喙和头浸在水中，并不时抬头观望四周；性格胆小机警，稍有动静，立刻起飞

样的大型鸟类足够了。但那个摄影者却仍不断向白鹤靠近，而且是明目张胆地，连弯腰蹲行都没有。若不是田埂上长满野草，不好走，他简直要直接冲过去了。

在水中采食的白鹤显然已经察觉。它停下脚步，昂起头，迎风站立不动，身体微微前倾，脖子也略略向前伸，一副紧急戒备的样子。它浑身洁白，已经褪去了幼鸟时泛黄的羽色，但显然还没成年，应该是一只迫不及待想独自探索世界的少年白鹤。

爸爸小声说："当白鹤看起来浑身僵直时，它其实是在紧急戒备。如果那个摄影者再靠近，超过它的忍受范围，它会随时飞走。"风很大，阿境没办法告知那个摄影者立刻停下来，只能眼睁睁地看着。白鹤奋力扑打双翅，同时双脚也在助跑，最终双脚离地，翩然飞起，犹如白云织成的魔毯，在众人头顶盘旋了几圈后，向远处飞去，消失在大家的视线里。

白鹤在全世界仅剩 4000 多只，濒临灭绝。和大家熟知的丹顶鹤不同，白鹤除了翅端宽大的飞羽像被墨染了外，其余部分洁白无瑕，是鹤类家族中的"白雪公主"。不过白鹤裸露的脸颊

白鹤

和额头呈鲜红色，嵌着金黄色的眼睛，让它看起来有点儿坏坏的，像电影里倔强的哪吒；姿态也不够优雅，因为双腿不够修长，脖子也有点儿粗，令它看起来笨笨的，憨憨的。

又过了一个多小时，先前那个摄影者早已离去。就在阿境他们也准备离开时，白鹤又飞了回来，而且就落在距离阿境他们不足 30 米的地方。

禾妹说："阿境哥，这只白鹤和刚才那只

看上去不一样。"

　　阿境仔细一看，差点儿笑出声来。这顽皮的家伙，刚刚不知道跑到哪片滩涂偷吃去了，沾了满头满脸的污泥，脏兮兮的，仿佛涂抹了妈妈平时敷的海泥面膜，只露出两粒豌豆般的黄眼睛，像极了一只精神抖擞又透着傻气的哈士奇。可当风吹起它长长的羽毛时，它看上去又像一朵怒放的白菊花，美得不可方物。

　　这只白鹤看了看阿境和禾妹，确认没有威胁后，就将长长的喙反复插入水下，专心地觅食。在鄱阳湖区越冬的白鹤通常会吃苦草的块茎，但这只流浪到闽南滨海湿地的白鹤却一会儿吃蛤，一会儿吃小螃蟹，一会儿又捉泥鳅，美美地享用起荤菜。吃饱后，它将脖子前伸，让喙以近乎平行于水面的角度浸入水中，随即快速扭动脖子，在水里用力甩动头和长喙——哦，原来它在洗脸。甩，甩，接着甩，水花四溅中，"海泥面膜"终于被甩干净了，白鹤恢复了红光满面的样子。

接下来，该是饭后梳理羽毛的时间了。从胸口到腹部，从肩羽到飞羽，白鹤借助长长的喙和灵活的脖子，慢条斯理地给自己做了个"全身按摩"。阳光下，它看起来多么惬意啊！阿境和禾妹看得出神，仿佛和这只白鹤一起沉浸在幸福的时光里。

虽然这片湿地上少有自己的同类，但白鹤并不孤单，因为这里还有黑翅长脚鹬、反嘴鹬、林鹬、金斑鸻等小伙伴们。它形只影单地流浪到这里，却不会因为某个摄影者的步步逼近而惊慌失措，落荒而逃。当危险离去，它又淡定地返回，继续勇敢地以自己的方式探索世界。

"白鹤真像一个不安分的热血少年啊！"看着白鹤，阿境心潮澎湃，"等我长大了，也要像这只白鹤一样独自去探索外面的世界。"

18

彩 鹬
是彩色还是黑色？

因为寒假还没结束，所以阿境爸爸和禾妹妈妈商量了之后，决定在石狮多待几天，让孩子们能在湿地公园好好地观鸟。还有一个原因他们没告诉孩子们：有一只彩鹬也来到这片湿地了。彩鹬在福建可是非常罕见的鸟，他们都想给孩子们一个惊喜。

第二天一早，大家又来到晋江边的湿地公园。一下车，禾妹妈妈就一眼认出了那只彩鹬。这只彩鹬是这片湿地的贵客。许多经常光顾这片湿地的观鸟爱好者都知道它，给它拍了无数照片。

鸟类选手证

鸟名： 彩鹮

门派： 鸟纲鹳形目鹮科

体长： 48—66 厘米

体重： 530—770 克

特长： 无敌的"变装"技能

分布区域： 世界各地

栖息环境： 沼泽、稻田及漫水草地

生活习性： 白天活动和觅食，晚上飞到离觅食水域较远的树上栖息

阿境和禾妹看着眼前的这只彩鹮，丝毫没有表现出大人们预期的惊喜。因为它长得毫不起眼，浑身黑不溜秋的，简直就是一只腿被拉长了、喙被拽长了的黑水鸡。瞧，黑水鸡们在它身边跑来跑去，一点儿也没把它当"异类"。一只白鹭站在它身边发呆，那一身洁白无瑕的羽毛，更是把这只彩鹮反衬得如焦炭一般黑。它浑身上下唯一引人注目的大概就是铅灰色的

如东洋刀一般稍向下弯曲的喙了。

"为什么彩鹬是黑色的？"阿境盯着这只站在荷塘边树荫里的彩鹬，疑惑地问道。

"对呀，对呀，为什么不叫黑鹬呢？"禾妹附和道。

"呵呵，"阿境爸爸猜到孩子们会问这个问题，"等它走到阳光下的时候，你们走近些再仔细看看。"

阿境和禾妹半信半疑地，看到彩鹮从树底下走到荷塘中央时，便朝它走近了一些。经爸爸一提醒，他们似乎觉得这只彩鹮看起来有些不一样了。

　　"爸爸，它的长脖子好像是深褐色的，还有光泽。"阿境抢先说道。

　　"嗯，它的翅膀看着像是绿色的，好像撒上了我们做手工时用的闪粉，亮闪闪的，还有五颜六色的光泽呢。"禾妹补充道。

　　"你们现在还觉得它黑不溜秋吗？从不同的角度、在不同的光线下近距离去欣赏，你们就会发现彩鹮的羽色其实是一种'五彩斑斓的黑色'。"

　　"'五彩斑斓的黑色'……"阿境和禾妹若有所思地喃喃道。

　　"你们今天看到的这只彩鹮不在繁殖期，还没换上繁殖羽。等到了繁殖期，它又是另一副模样噢。"阿境爸爸说着，拿出相机，找

滨海小飞侠

到之前来这里观鸟时拍到的彩鹬的照片。"看，这是繁殖期的彩鹬。"

"哇——"阿境和禾妹不约而同地惊呼起来。

太不可思议了。照片中的彩鹬好像化装舞会上的变装女王，换上一身带有金属光泽的古铜色外套，翅膀上的色斑则像阳光下闪着五彩光泽的螺钿，和之前黑炭一般的模样相比，完全判若两"鸟"。

"所以，观察彩鹬是一件很有趣的事，不但从不同角度、不同距离，在不同强度的光线下会看到它不同的模样，而且在不同的时期看它，它也可能变得让你认不出来。"阿境爸爸接着说，"彩鹬是国家一级保护动物，和你们昨天看到的白鹤一样，都是珍稀鸟种呢。"

"我要为彩鹬专门设置一个奖项，叫'变装技能专项奖'。"禾妹始终没有忘记自己身为鸟类比武大赛评委的职责。

扇尾沙锥

最会逃跑的鸟

晋江边的湿地不仅吸引来了白鹤、彩鹮等珍稀鸟种，也成了扇尾沙锥这种常见鸟种的天堂。

这是一群忙碌的小精灵。它们身长只有二三十厘米，喙却又粗又长，显得很不协调。这略显笨重、像长针一样的喙是它们的独门武器。它们将喙不停地扎进泥土里，在里面搜寻食物。几乎每一片池塘的浅水区都有它们忙碌的身影。但人类却轻易接近不了它们，它们总是和人保持十米以上的距离，即便阿境和禾妹

滨海小飞侠

鸟类选手证

鸟名：扇尾沙锥

门派：鸟纲鸻形目鹬科

体长：24—30 厘米

体重：75—190 克

分布区域：亚洲、非洲、欧洲

栖息环境：河边、湖边及水塘等水域

生活习性：以昆虫为主食，偶尔也吃小鱼和杂草的种子

这样的小朋友也很难靠近。扇尾沙锥拥有和泥沙近乎一样的保护色。它们有时候会在田埂上打盹，但人类压根发现不了，直到脚步声惊扰了它们的睡眠。扇尾沙锥不像大山里的斑尾榛（zhēn）鸡——对自己的保护色盲目自信到任由你用手机贴近拍照。被人类脚步声惊醒的扇尾沙锥，会在第一时间以近乎垂直的姿态跃起，从人类脚边急速飞离——三十六计走为上。好玩的是，它们飞起来后会不停地变化方向，呈

S形或Z形曲折飞行，就像武侠小说里那些为了躲避背后流箭而忽左忽右地逃跑的人。

S形逃跑路线加上我的隐身衣，逃跑冠军非我莫属！

阿境和禾妹好几次都被突然蹿起的扇尾沙锥吓一大跳，随即开始懊恼错失近距离观察它

们的机会。他俩暗下决心，下次一定要悄悄地靠近它们。然而，一切都是徒劳，要么扇尾沙锥在远处，要么突然从两人的脚边飞起。阿境和禾妹不得不佩服大自然赋予扇尾沙锥的这种神奇武器。

这片湿地上生活着各种鹬科鸟类，比如，都拥有大长腿的黑翅长脚鹬和反嘴鹬。黑翅长脚鹬的腿是红色的，而反嘴鹬的腿是蓝色的。爸爸告诉阿境，它们中不少是这片湿地的留鸟——一年四季都生活在同一个地方的鸟。细心的阿境发现，作为这里的常住居民，它们各自为政，不同鸟种之间似乎隔着一道隐形的幕墙。黑翅长脚鹬几乎只在淡水湿地里活动，反嘴鹬则仅仅在潮水上涨的时候从海湾飞进湿地，短暂地停留一阵就离开。禾妹妈妈开玩笑地说，黑翅长脚鹬和反嘴鹬都是这片湿地上的"颜值代表"，也都是"心机鸟"，就像人类的大明星一样，尽量避免同"台"，否则谁才是主角呢？

受不了，走了！

看，我的腿多长，多美！

反嘴鹬　　　　　　　黑翅长脚鹬

　　这里还生活着很多黑水鸡和绿翅鸭。黑水鸡看上去一直忙忙碌碌的，跑前跑后地觅食和哺育幼鸟。绿翅鸭却很悠闲，漂浮在水面上睡觉似乎才是它生活的永恒主题。

我还得回去带娃呢！

兄弟，闲着也是闲着，咱俩聊聊。

绿翅鸭

黑水鸡

　　就在大家觉得今天应该不会再有什么惊喜时，眼尖的禾妹看到水塘对面的塘埂上有一丛茅草忽然动了一下。是什么躲在里面？禾妹和阿境都太矮，看不到。幸亏阿境爸爸个子高，他用望远镜看了看，脸上瞬间露出惊喜的表情。阿境知道，肯定是出现了什么稀罕的鸟。"是豆雁。啊，三只，不对，另外两只是白额雁！"

　　禾妹妈妈也看到了，连连说道："禾妹你太棒了，是豆雁和白额雁。"

这可急坏了阿境和禾妹——个子太矮看不到啊！

　　这时阿境爸爸蹲下来，说："没事，拿好望远镜，骑在我肩膀上看。禾妹先来！"

　　"爸爸万岁！"阿境赶紧扶着禾妹骑到了爸爸的肩膀上。

　　借助望远镜，禾妹看到豆雁和乡下奶奶家养的鹅很像，大小也差不多，一身灰褐色的羽毛，一张乌黑的嘴，嘴的前端有块橘黄色的斑块，好像一粒鲜亮的黄豆。怪不得叫"豆雁"呢，禾妹心想。待在豆雁旁边的白额雁大小和豆雁差不多，羽毛也基本是灰褐色的，只是额头上有一块白斑，像贴着一片雪花似的。它们一动不动地趴在草窝里，只

豆雁

滨海小飞侠

有偶尔听到什么动静时，才伸长脖子张望，觉得没什么危险后又把头埋进翅膀里继续睡觉。

大人们告诉阿境和禾妹，大雁很少飞到这么温暖的地方。它们大多在长江流域越冬。能在闽南的海边湿地上看到它们是很难得的，这也意味着大雁需要在迁徙途中耗费更多体力才能飞到这儿。

白鹤、彩鹮、豆雁、白额雁这些远道而来的鸟，居然能凭借本能发现这片丰饶的乐土，感受到这里人们的善意并在这里逗留，说明它们的生存本领是很了不起的。

20

翠鸟家族

捕鱼猎手

　　过完年，又过了元宵节，阿境马上就要开学了。

　　爸爸对阿境说："寒假结束前再带你出去看一次鸟吧。周末我们去附近的海门岛上看翠鸟，怎么样？"

　　阿境对翠鸟还是熟悉的，因为语文课本里就有一篇题为《翠鸟》的课文。于是他好奇地问："翠鸟不是都生活在淡水湖边、水库附近吗？海边也有翠鸟吗？"

　　"翠鸟也喜欢海边，只是像厦门这样高楼

大厦林立、游客熙熙攘攘的海边城市，不太适合生性机警的翠鸟。对于安静的鱼虾肥美的海边，翠鸟还是很喜欢的。"

"那翠鸟捕食时羽毛不会被咸咸的海水腐蚀吗？"阿境越发好奇了。

"海水含盐量高，对鸟类的羽毛确实有腐蚀性，但只要鸟儿不长时间浸泡在海水中，通常是没有影响的。因为羽毛表面有油脂，海水挂不住，而且鸟儿们会迅速抖动身子甩掉水珠，还会通过洗淡水澡、晒太阳等办法让羽毛快速恢复蓬松干燥的状态，所以就算翠鸟更喜欢在淡水区域活动，只要海边食物充足，它们也是愿意到海边去的。"

海门岛坐落于九龙江入海口，厦漳大桥从上面飞架而过，岛上保留着大量农田、草地、鱼塘、虾塘，还有天然的礁石岸线和一座植被茂密的小山。爸爸和阿境很快就在礁石岸边发现了一对普通翠鸟。它们瓦蓝瓦蓝的头顶布满

鸟类选手证

鸟名：普通翠鸟

门派：鸟纲佛法僧目翠鸟科

体长：15—17 厘米

体重：20—45 克

特长：高超的捕鱼技能

分布区域：欧亚大陆及非洲

栖息环境：各类水域沿岸

生活习性：以小鱼为主食，也吃甲壳类、水生昆虫、小型蛙类和少量水生植物

星星点点的亮斑，就像裹着镶满宝石的头巾；翅膀上也闪烁着星星点点的光芒；胸口的羽毛是橙红色的，就像一件红肚兜；红色的双脚如红珊瑚一般鲜艳。雄鸟的喙是黑色的，雌鸟的喙下方是红色的，如同爱美的女士涂了口红一样。可惜阿境和爸爸对口红的色号一窍不通，要是禾妹和她妈妈在就好了。想到这儿，阿境正要打电话给禾妹，和她分享刚刚看到的这一

幕。忽然，雄鸟猛地从礁石上跃起，将又尖又长的喙直插入海里，随即迅速飞起，嘴里叼着一条小鱼，直直地飞回雌鸟身边。雌鸟扭头看了看雄鸟，雄鸟立刻将小鱼递了过去……

雄鸟对雌鸟真好，阿境边想边拨通了禾妹的电话。电话那头禾妹兴奋地说，她和妈妈也在观鸟，也看到了普通翠鸟，还看到了斑鱼狗呢。

鸟类选手证

鸟名：斑鱼狗

门派：鸟纲佛法僧目翠鸟科

体长：27—31 厘米

体重：100—130 克

特长：高超的捕鱼技能

分布区域：欧亚大陆及非洲北部

栖息环境：比较开阔的水域

生活习性：喜欢成对或成群活动于水域及红树林；以小鱼为主食，也吃甲壳类、水生昆虫、小型蛙类和少量水生植物

"斑鱼狗捕鱼可有意思了。它用力快速地扇动翅膀，一直扇，让自己先在水面上悬停，头朝下，嘴像锥子一样对准水面，然后突然像箭一样射向水里。我眼睛都没眨，可是也没看清楚怎么回事，它就从海里飞起来了，嘴里还叼着鱼。它几乎百发百中，没失过手呢，太厉害了……"禾妹小嘴吧嗒吧嗒地讲个不停。

斑鱼狗

听着禾妹的描述，阿境恨不得马上飞到福州去目睹这一幕。他心想：名字这么可爱的鸟

儿，居然有这么高超的捕鱼本领。

禾妹接着说："斑鱼狗虽然只有黑白两种颜色的羽毛，不像普通翠鸟那样华丽，却很可爱，就像大熊猫和斑点狗一样。"

"爸爸，海门岛上有没有斑鱼狗？"打完电话，阿境迫不及待地问。

"不着急，我们沿着海岛走一圈，看能不

能碰上。"

功夫不负有心人，阿境和爸爸发现，海门岛周边，不仅有普通翠鸟，还有好几只斑鱼狗，看来这里的小鱼不少！更让阿境激动的是，他们还看到了白胸翡翠和蓝翡翠这两种很罕见的大型翠鸟，尤其是蓝翡翠。经常观鸟的爸爸说，他一年未必能见到一次呢。

蓝翡翠

蓝翡翠黑头白颈，翅膀和尾羽蓝得发紫，凿子一般又粗又长的喙和细长的脚趾都是鲜艳的红色，像一位戴着黑丝绒帽子、围着白围巾、穿着蓝丝绒礼服的王子。

白胸翡翠看起来和蓝翡翠很像，只是头顶和颈部的羽毛是棕色的，胸部和腹部则是洁白的。阿境在纪录片里看过，因为白胸翡翠的羽

毛太美丽，在古代曾被人捉去拔毛，做成贵族妇女的头饰。这种残忍的做法如今已被禁止，白胸翡翠成了我们国家的二级保护动物。

阿境看着这些美丽的小生灵，久久不肯离去。"爸爸，翠鸟可以人工饲养吗？好想养一只呀。"

给你看一下，我是名副其实的！

白胸翡翠

"翠鸟警惕性非常高，很容易因为紧张产生应激反应，就像人类受到惊吓时可能突发心梗一样，所以在野外捕捉的翠鸟很难通过人工

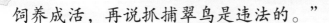

饲养成活，再说抓捕翠鸟是违法的。"

虽然翠鸟们有着高超的捕鱼技能，但如果引起人类的觊（jì）觎（yú），翠鸟们就无处可躲了。禾妹和阿境都在今天寻找翠鸟的过程中深刻地体会到这一点。

这天晚上，禾妹给阿境打电话说："阿境哥，我们长大了都去做保护野生动物的工作，好不好？"

"嗯，我也是这么想的，可到底要怎么做我还不知道，现在要多多学习知识，增长本领才行！"

黑腹滨鹬和大滨鹬

空中舞蹈家

　　3月，在澳大利亚和新西兰越冬的候鸟们陆陆续续飞回来了。福建的海滨再次热闹起来，兴化湾又迎来了各种候鸟，其中数量最多的是黑腹滨鹬。据调查，这里最多的一天"接待"了近3万只黑腹滨鹬。阿境看到别人在现场拍的视频，深切感受到什么叫"铺天盖地"。他忍不住央求爸爸也带他去现场感受一下。

　　几个月不见，兴化湾似乎没什么变化，但这里刮的海风已经从东北向变成东南向了，空气中也没有了当初凛冽的寒意。通过望远镜，阿境看到远处的海面上有很多野鸭在浮游或者潜水觅食，还有一些红嘴鸥在水面上休息。

鸟类选手证

鸟名：黑腹滨鹬

门派：鸟纲鸻形目鹬科

体长：17—22 厘米

体重：40—83 克

特长：出色的应变能力

分布区域：分布于欧亚大陆北部，往东到楚科奇半岛和阿拉斯加；越冬于欧洲西部海岸、北非和东非、亚洲东部和南部，以及墨西哥湾

栖息环境：沙滩、泥地或浅水处

生活习性：性格活泼，常沿水边跑跑停停；以甲壳类、软体动物、昆虫等为食

　　滩涂上栖息着一群黑腹滨鹬，密密麻麻地挤在一起。辨认它们很容易，因为它们有黑色

滨海小飞侠

的肚皮和略向下弯的喙，明显不同于其他鹬科鸟类。作为"东亚—澳大利西亚"迁徙路线上数量最多的滨鹬种类——据说有40多万只，它们为何能超越其他同类，在数量上成为激烈的生存战争中的赢家呢？这个问题难倒了爸爸，爸爸摸着阿境的头，说："你长大后自己去解开这个谜题吧。"

滩涂上还有一些个头明显比较大的滨鹬。它们是大滨鹬，个头儿最大的滨鹬，长着长而直的黑嘴和暗绿色的脚。这时候它们大多已经换上繁殖羽，戴上白底、密布黑色条纹的"帽子"，披上栗红色的"披肩"，洁白的腹部也布满了雨点一样的黑斑。大滨鹬也曾像黑腹滨鹬一样，有将近40万只，但因为它们在韩国的主要栖息地遭到破坏，数量随之急剧下降。到2015年，大滨鹬的"总鸟口"就只剩20几万了。

爸爸的这些话，让阿境的心情像被铺天盖

地的鸟遮住一样晦暗无光：韩国一片湿地遭破坏就让那么多大滨鹬消失，难怪爸爸总说保护好栖息地才是保护野生鸟类最好的办法。

鸟类选手证

鸟名：大滨鹬

门派：鸟纲鸻形目鹬科

体长：26—30 厘米

体重：130—210 克

分布区域：分布于欧亚大陆北部，偶尔也见于西伯利亚森林冰原地带

栖息环境：栖息于海岸、河口沙洲及附近沼泽地带，迁徙期间也见于开阔的河流与湖泊沿岸地带

生活习性：主要吃甲壳类、软体动物、昆虫等；常将喙插入泥中觅食，也常在浅水处或沙滩上边走边觅食

"现在咱们中国黄海北部的鸭绿江沿岸湿地已经成了大滨鹬最重要的迁徙中转站。我们

好好保护湿地，以后会有更多大滨鹬飞来的。"爸爸安慰阿境说。

　　涨潮了，黑腹滨鹬和大滨鹬都飞了起来，天地间一时鸟"浪"起伏，真的好壮观啊！成群的鸟儿在空中盘旋飞舞，就像一大片望不到边的乌云笼罩在头顶。忽然，它们仿佛听到了统一的指挥一样，齐刷刷地调转方向，露出腹部和翅下的白色羽毛，在空中翻腾起白色的"浪花"。鸟群飞着，飞着，突然分裂成两片"云"，不久又聚成一片。

　　"它们在表演空中群舞呢。"阿境和爸爸站在那里，耳朵里都是鸟儿扇动翅膀的声音。就在两人激动不已的时候，似乎又是在一双无形巨手的指挥下，飞在队伍最前方的几只鸟突然落在一片还没被潮水淹没的滩涂上；紧接着，后面那些还在天上的鸟就像被人用大网兜住再用力扯下一样，呼啦啦地也跟着全落了地，刚才遮天蔽日的鸟"浪"瞬间消失，世界一下子又明亮了。

"要好好保护鸟类和它们的栖息地,这样将来我们才能再看到这么壮观的画面。"被刚才的一幕深深震撼的阿境暗暗下了决心。

22

栗喉蜂虎
假面杀手

临近清明节，厦门海滨的上空出现了一架又一架小小的"战斗机"——栗喉蜂虎。每年这个时候，在东南亚越冬的栗喉蜂虎就会飞回来，开始寻找合适的土崖造窝，为繁殖季做准备。爸爸告诉阿境，栗喉蜂虎是第一批飞回的夏候鸟。

"什么是夏候鸟？"阿境知道冬候鸟是从别处飞来本地过冬的鸟，"是不是从别处飞来我们这里过夏天的鸟？"

"没错，金门岛上有一个栗喉蜂虎保护区，

那里的栗喉蜂虎更多，过几天带你去看看。"

"太好了。能不能也叫上禾妹？"

"没问题。"爸爸爽快地答应了。

金门岛和厦门岛只隔着一湾浅浅的海峡，却和厦门岛很不一样，岛上看不到高楼大厦，除了码头和集镇，几乎都是农田、小溪、湖泊、滩涂和树林。岛上最大的咸水湖——慈湖里栖息着几千只普通鸬鹚，还有绿头鸭、绿翅鸭、凤头䴙（pì）䴘（tī）、琵嘴鸭和斑嘴鸭等。黑翅长脚鹬在水洼里踱步，犹如踩着高跷走在滩涂上的讨海人；苍鹭依旧一副老绅士的做派，沉稳得很；大白鹭时走时停。

在夕阳的霞光里，数百只栗喉蜂虎在沙滩上空盘旋飞舞。

禾妹眼睛一眨不眨地盯着这群美丽的小精灵：喉部是栗红色的，翅膀和背上的羽毛是绿色的，尾巴是蓝色的，翅膀扇动时露出了翅膀下橙黄色的羽毛。在余晖中，它们浑身闪烁着

五颜六色的光泽。它们虽然个头不大，但尖翅阔尾，在空中飞行时姿势矫健灵活，就像一架架蓝绿色的战斗机。

鸟类选手证

鸟名： 栗喉蜂虎

门派： 鸟纲佛法僧目蜂虎科

体长： 25—31 厘米

体重： 28—44 克

特长： 出色的飞行能力

分布区域： 主要生活在东南亚一带，在我国部分沿海地区也有分布

栖息环境： 常在开阔地捕食，栖息于树枝或电线上

生活习性： 以昆虫为食；常成群在土崖上挖穴筑巢

"这是我见过的最美丽的鸟了。"禾妹忍不住赞叹道。

"它们每年4月才飞来，是这里的夏候鸟，和大多数热带鸟类一样，羽毛很艳丽。有人说

它们是中国最美丽的鸟呢。"阿境把自己从书上看到的知识一股脑儿地倒出来。

"可是为什么这么美丽的小鸟却叫'蜂虎'呢？"禾妹的好奇心并没有得到满足。

"因为它们吃蜜蜂、黄蜂、蜻蜓和苍蝇，是蜜蜂和黄蜂的天敌呀。"

不要被我美丽的外表蒙骗，我可是个厉害角色！

"哦，"禾妹若有所思地点了点头，突然又想起了什么，"那这么小的鸟儿，有什么特殊的技能呢？"

　　"嗯——"阿境也陷入了沉思，突然眼睛一亮，叫了起来，"啊，我知道了。禾妹，你看，它们在空中飞的时候，一直在做各种高难度动作，一会儿'嗡嗡嗡'地急速前行，一会儿滑翔，一会儿猛地转身，一会儿又急速俯冲……"

　　在阿境的提示下，禾妹也仔细观察起来。过了一会儿，她默默点头，说："我知道啦，粟喉蜂虎的独门绝技是高超的飞行技术。"

鹗
空中霸王

金门岛上到处都是观鸟的好地方。阿境爸爸又带着阿境和禾妹来到一个叫田墩的地方。

一下车他们就看到一只斑鱼狗在水库上空飞。见忽然来了一群人，它急忙飞到远处的电线上歇脚去了。这时，空中飞来一只鹗（è），旁若无人地进入众人的视野。

鹗在金门岛上很常见，但阿境却是第一次看到。这是一种中等体型的猛禽，白色的头顶分布着黑褐色的条纹，枕部的羽毛向后延长，形成羽冠，这让它显得霸气。头的两侧各有一

滨海小飞侠

鸟类选手证

鸟名： 鹗

门派： 鸟纲鹰形目鹗科

体长： 51—64 厘米

体重： 1000—1750 克

特长： 出色的飞行能力和捕食能力

分布区域： 除了南极洲，其余各大洲均有分布

栖息环境： 栖息于湖泊、河流沿岸，海岸或开阔地，尤其喜欢在山地森林中的河谷或有树木的水域活动

生活习性： 常在江河、湖泊及海滨一带飞翔，一旦发现猎物，就俯冲而下，抓住猎物后会将其带到岩石、电线、树上等地方享用

条宽宽的黑带，覆盖过眼睛一直延伸到后颈，这让它看起来像一个戴着黑色眼罩的海盗头子。而让阿境印象深刻的是它肌肉紧绷的双腿和像钩子一样的利爪。

　　阿境爸爸说，这是一种既爱吃鱼也擅长捕鱼的猛禽，据考证它就是"关关雎鸠，在河之洲"里的雎鸠。因为鹗分布广泛，在内陆和海边湿地都能看到它的身影，所以古人早就注意到它的存在。

　　禾妹觉得鹗的面孔可以用四个字形容，那就是"凶神恶煞"。

　　阿境爸爸说，没错，所以中国神话故事里雷公的原型之一就是鹗。

鹗　　　　　　　　　　　　雷公

　　看完了天上的猛禽，大家发现，就在脚下的大堤边，躲着几只斑嘴鸭。大家一激动，把

鸭子们吓得扑打着翅膀飞散了。

在金门岛上，还能看到红嘴巨鸥。这些红嘴巨鸥在这里越冬，暂时还未离去。它们不如夏季这里常见的几种燕鸥轻盈，和身边的红嘴鸥相比也显得过于壮硕。但是，恰恰是这种膀大腰圆的外形，让它们在俯冲入海捕鱼时，有

鸟类选手证

鸟名：红嘴巨鸥

门派：鸟纲鸥形目鸥科

体长：47—55 厘米

体重：500—660 克

特长：出色的飞行能力

分布区域：亚洲、非洲、欧洲、美洲

栖息环境：海岸沙滩、平坦泥地、岛屿和沿海沼泽地带

生活习性：喜欢单独或成小群活动；经常在水面低空飞翔；主要吃小鱼，也吃甲壳类，偶尔还吃雏鸟、鸟蛋

种如战斗机直下云霄的气势，溅起水花四射，出水时又如航空母舰一般势不可挡。

阿境和禾妹很快留意到，金门岛的八哥多到令人发指，还特别爱叫，仿佛全世界都是它们的地盘。岛上高大的植物并不多，最常见的是木麻黄、黄槿和竹子，上面结满了"鸟果"。八哥和火斑鸠是最常见的两种"果实"，经常"挂"满一树一树的。

呱呱呱

树上结满聒噪的"鸟果"

当然，金门岛上数量最多的鸟要数普通鸬鹚。在金门岛越冬的普通鸬鹚多达15000只。此刻它们正在不断集结，不停地在湖面上盘旋飞舞，为即将开始的迁徙做准备。

鸟类选手证

鸟名：普通鸬鹚
门派：鸟纲鲣（jiān）鸟目鸬鹚科
体长：72—90厘米
体重：大于2000克
特长：善于捕鱼，还善于游泳和潜水
分布区域：欧洲、亚洲、非洲、北美洲和澳大利亚
栖息环境：水边岩石上或水中
生活习性：游泳时颈向上伸得很直，头微向上倾斜；潜水时先半跃出水面，再翻身潜入水下；吃各种鱼，主要通过潜水捕食

阿境和禾妹还发现了一件有意思的事，金门岛上的任何一片湿地都可以看到白胸苦恶

鸟。可等大家一点点靠近，那白胸苦恶鸟却总会迅速钻入附近的草丛或灌木丛里，没了踪影。

　　不过也用不着遗憾，因为到处都是鸟的金门岛会时时给你惊喜。

24

军舰鸟
鸟中海盗

    时间过得真快，转眼就到了5月。福建已经入夏，阳光变得炙热，不过海上有风，还是很凉快的。阿境、禾妹，以及禾妹妈妈此时正站在船尾，尽可能地躲在驾驶室的阴影里，举着望远镜，目光在海面上努力地搜索着……

    他们乘坐的这条船正行驶在平潭岛周边的海域。这里有很多小岛礁，面积都不大，但对大洋性鸟类来说，却是难得的歇脚处。今年的第一个台风已经在菲律宾北面形成，很快将影响到我国东南沿海。每当这个时候，福建沿海的观鸟爱好者们总是充满期待，因为台风往往会将一些平时在海岸边看不到的大洋性鸟类吹到沿海区域。大洋性鸟类，指的是那些不在大陆地区繁殖和觅食，基本上一生都在海洋中度过的鸟。这些鸟对于远离大洋生活的人类来说，是很难有机会看到的。所以，台风不仅仅会带来狂风暴雨，还会给观鸟爱好者们带来惊喜。

海风越来越大，船在浪涛中颠簸得很厉害。阿境和禾妹这才明白为什么船长说会晕车晕船的人要坐在"车头船尾"——车是后面颠簸得厉害，船是船头起伏更大，幸亏大家都坐在船尾，比较稳当，要是站在船头，刚才那个大浪准把大家打成落汤鸡。不过这点小困难阻挡不了大家继续寻找鸟儿的热情。在船长的指挥下，大家检查好身上的救生衣和腰间的安全绳，继续将目光投向广袤的海面。

"那边好像有只猛禽。"阿境说。

"猛禽？会在这种地方出现的，也就黑鸢

（yuān）或者鹞吧。"禾妹接着话茬说了一句。

"不对噢，孩子们，它朝我们飞过来了，你们再看仔细一点！"禾妹妈妈嘴上说着的，手里的望远镜却不肯放下。平时妈妈可不是这样的——她通常会指导禾妹朝哪儿看。所以，禾妹明白，这一定是一只不平常的鸟。果然，望远镜里的这只鸟体态修长，又尖又细且带钩的长嘴、几乎静止不动的柳叶刀一般的黑色翅膀和剪刀一样的尾巴都无比修长，腹部有一块醒目的白斑。

"军舰鸟！"禾妹和阿境同时喊了出来。

与此同时，禾妹妈妈将手里的望远镜换成了长焦相机，对准这只白斑军舰鸟，不停地按快门。

随风而至的白斑军舰鸟身姿飘逸，高高在上，俯瞰着大地，在众人头顶盘旋了几圈后，突然翻转——翅膀几乎没有任何扇动的迹象，疾驰而去。临走时，它竟不忘稍稍侧头看了一下底下的几个人。那一瞬间，大家几乎都感受到了它眼神里的傲慢。

鸟类选手证

鸟名：白斑军舰鸟
门派：鸟纲鹈形目军舰鸟科
体长：88—89 厘米
体重：338—558 克
特长：出色的飞行能力
分布区域：印度洋、太平洋西部
栖息环境：热带海洋中的岛屿
生活习性：常成天在海面上空飞翔，是一个不知疲倦的空中行者；主要吃鱼类

阿境曾在书上读到军舰鸟的知识，今天总算亲眼看到了。它拥有一对狭长的翅膀，据说展开双翅时，两个翼尖的距离有两米多，它可以在高空翻转盘旋，也能直线高速俯冲，是世

界上最会驾驭气流的鸟类之一。凭借高超的飞行本领，它们可以飞到离巢穴很远的地方觅食，书上说最远能到 4000 多千米，也会在空中袭击那些叼着鱼的海鸟。它会凶猛地冲向目标，把对方吓得魂飞魄散，丢掉嘴里的鱼仓皇逃窜。而它马上急速俯冲，叼住正往下落的鱼，迅速吞下。阿境边回忆书里的知识边想象军舰鸟"抢劫"的画面，然后喃喃道："'飞行大师''鸟中海盗'……"

阿境拨通了在加班的爸爸的电话。尽管海上信号不太好，他的激动还是准确无误地传递给了爸爸。"老爸，你没看到太可惜了，这鸟太酷了！"

电话那边正在加班的爸爸明显叹了一口气，说："军舰鸟在 12 级台风中也能安全飞行、降落，估计一会儿还会飞回来。你好好看，多拍些照片回来。"

在海上观鸟不比在陆地上，尤其是风浪大

的时候，用望远镜观鸟，因为放大效应，很容易头晕。从小就经常出海的阿境还好，可禾妹和妈妈却慢慢感到眩晕，脸上渐渐没了笑容。阿境觉得自己应当担负起"照顾"好禾妹和阿姨的责任，于是说："我知道你们现在不舒服，没关系，等一会儿再来一只罕见的鸟，你们就好了。"

"那得是很'高级'的鸟才行。"禾妹有气无力地回应道。

船经过一片礁石时，阿境突然看见一处岩石上好像有东西动了一下，不知道是不是船晃看花眼了。阿境立刻学着禾妹妈妈之前的样子，向船长打手势，示意他把船停下来。船长心领神会。这时，禾妹妈妈也注意到了，禾妹也强忍着不适举起了望远镜。

那是一只鸟！圆锥一样尖尖的大嘴，白中泛黄；除了白色的肚皮，全身羽毛几乎都是褐色的。被海浪打湿的礁石呈暗黑色，把这只大

鸟的黄绿色脚掌衬托得格外显眼。果然是很"高级"的鸟啊！"褐鲣鸟！是褐鲣鸟！"禾妹第一个喊了出来。禾妹妈妈和阿境也欢呼起来。这种鸟通常在大洋上的浪花间鼓翼飞行一段距离后改为滑翔，以两种方式交替进行，若发现猎物就将双翅往后一收，像箭一样射入海中捕食。它此刻正在离船不足五十米的礁石上休息。

　　船长将船慢慢靠近礁石。直到看清褐鲣鸟眼后裸露的淡蓝色肌肤，大家才确定这是一只雄性成年褐鲣鸟（雌鸟的肌肤是黄色的）。忽然，海上又刮起了大风，褐鲣鸟借势飞起，尽管翅膀已经先行张开并且奋力扇动，硕大的身子还是先往下一沉，直至脚掌踏浪，看得阿境和禾妹都替它担心，好在褐鲣鸟很快就扶摇直上，冲向蓝天，恢复了海上飞行健将的派头，直至消失在人们的视野中。

　　哈哈，果然，因为褐鲣鸟的出现，禾妹和妈妈刚才的不适感消失了！

鸟类选手证

鸟名：褐鲣鸟

门派：鸟纲鹈形目鲣鸟科

体长：64—74 厘米

体重：大约 1000 克

特长：善于飞行，也善于游泳和潜水

分布区域：除南极洲外的各大洲

栖息环境：主要栖息于热带、亚热带和温带海洋中的岛屿和海岸，有时也出现于海湾、港口及河口地带

生活习性：通过潜水觅食，主要吃鱼类，也吃甲壳类动物；常对猎物紧追不舍，曾在海上追踪猎物达数百千米远

    福建海岸线非常曲折，分布着众多岛屿，这些岛屿大多是无人岛，因此成了大洋性鸟类重要的繁殖地和栖息地。

    阿境正为今天爸爸没能来感到遗憾，禾妹

滨海小飞侠

妈妈却说："你爸爸这次加班，是为调查全福建海域岛屿鸟类做准备呢！将来你们就有更多机会看到大洋性鸟类了。"

"真的吗？太棒了！"孩子们又欢呼起来。

25

烦恼的评委
谁才是冠军

　　滨海鸟类比武大赛历时大半年，也该公布比赛结果了，这可急坏了两位评委。

　　回忆这大半年来在福建沿海的观鸟经历，阿境发现确定比赛排行榜远比想象中难——鸟儿们各有千秋，谁优谁劣，谁强谁弱，谁先谁后，真的很难一锤定音。

　　禾妹同样束手无策。于是，禾妹妈妈提议：禾妹带上这段时间外出拍摄的鸟类照片，周末去厦门和阿境一起整理，再从中寻找灵感。阿境爸爸说，他可以提供滨海鸟类的调查数据供

他们参考。不过，阿境爸爸也提醒道："数量多少并不意味着谁强谁弱，毕竟老虎的数量肯定比狍子少得多，这才符合大自然的规律嘛。"

周末，禾妹来到阿境家里。两个人一吃完午饭就坐到电脑前，开始认认真真地整理信息，包括在什么地方看到的，鸟儿们有什么特别厉害的本领等，一条条全列了出来。

有了一些头绪后，阿境掰着手指头，说："我们去了无人居住的礁岩、大型的海岛、平静的海湾、广袤的滩涂、宽阔的沙滩、茂盛的红树林、生态复杂的河口湿地，还有近海海岸上的淡水湿地或人工湿地。在这几种不同的滨海环境中生活的鸟类，有的很有特色，只在一个地方出现，有的却同时出现在好几个地方。这样很难对鸟儿们进行比较和排列，该从哪里入手呢？"

是啊，从哪里入手呢？禾妹也不知所措。

两人正发愁，一旁的阿境爸爸提醒道："你

们应该想想当初定下的是什么标准。"

两人恍然大悟。

"对啊，我们最开始定的评价标准是飞行、捕食、应变三种能力。我们就在每一种环境中按照这三个标准来选出冠军呗。"阿境说。

"有道理，那我们开始吧！"

"礁岩上的鸟，最会飞的肯定是我们前不久看到的褐鲣鸟了，飞行冠军就它了。捕食能力和应变能力嘛……"阿境先发表了自己的看法。

"应变冠军应该是岩鹭。为了站得稳，它的长腿都进化成短腿了……就捕食能力来说，其实褐鲣鸟最特别，它可是能潜入海里抓鱼的鸟。你说是吧？"禾妹的语气一点儿也不像是在商量。

阿境想了想，觉得没法反驳，于是说："那飞行奖还是颁给白斑军舰鸟吧。它虽然很少停在礁岩上，但也不是完全不落下来歇息的，说

它是飞行大师肯定没问题。"

"同意！"

于是，滨海鸟类比武大赛礁岩比武场的排行榜就出炉了。

"接下来是大型海岛。哎呀，大型海岛上的鸟种太多了，我们等一会儿再弄吧。"禾妹的提议又一次让阿境无法反驳。

"海湾里的鸟种也不少啊。飞行冠军应该是白额燕鸥吧？悬停技术第一流呀！"阿境提议。

不料，禾妹反驳道："斑鱼狗也不比它差呀！"

"这……白额燕鸥会根据人类的活动调整飞行策略，斑鱼狗跟人类可没啥互动。"阿境说。

"那好吧，飞行奖归白额燕鸥了。"禾妹爽快地说，"捕食冠军肯定是卷羽鹈鹕。你还记得它们合作捕鱼的场景吧？太令人震撼了，它们真是又大又聪明的鸟。"

"的确，就像警察包围坏蛋一样。"阿境说，"应变奖给谁呢？海湾里有浮水的，有潜水的，还有站在水里的，每种鸟都有各自的看家本领，哎——这个评委可真难当啊！"

"不是评委难当，是评委心里的标准变来变去的，什么都要兼顾，肯定没法下结论啊。"禾妹一语点醒梦中人。

阿境说："那应变奖给普通鸬鹚吧。普通鸬鹚虽然靠捕鱼为生，但是翅膀防水性不好，

所以它们白天在海湾里捕鱼，总要抓住一切机会晒太阳，到了晚上就跑到海湾附近的树上歇息，应变能力一流呢！"

对于阿境的这个想法，禾妹默默地点了点头。不过，她紧接着说了一句："滩涂就麻烦了，鸟太多了。"

"再难也得排出来！"阿境下定决心，"可是谁能配得上飞行冠军的头衔呢，它们飞起来都差不多……"

禾妹听了又不乐意了："什么叫差不多啊？反嘴鹬飞起来就像开放在天空中的一朵朵白莲花，黑腹滨鹬飞起来像一大片压顶的乌云，差别大着呢！"

"那你说给谁合适？"

"嗯……这，我只是说它们不一样，也没说谁比较厉害呀！"

沉默了一会儿之后，禾妹说："要不给苍鹭得了，它飞得最优雅！"

"岩鹭都拿过奖了，给鹭科门派争光了，我们该考虑考虑其他鸟类门派吧。"

　　禾妹一听，有点儿泄气了。

　　"你们为什么不选斑尾塍鹬？"旁边的阿境爸爸忍不住插了一句。

鸟类选手证

鸟名： 斑尾塍鹬

门派： 鸟纲鸻形目鹬科

体长： 32—39 厘米

体重： 245—320 克

分布区域： 除了南极洲外的各大洲

栖息环境： 沼泽湿地、稻田与海滩

生活习性： 常成群迁徙，与中杓鹬、白腰杓鹬混群；常沿水边或在泥地上边走边觅食，觅食时常将嘴插入泥中寻找泥地下的小动物；主要吃甲壳类动物、软体动物和水生昆虫等

　　"啊！对对对！"阿境和禾妹不约而同地

表示赞同。是啊，斑尾塍鹬可是不间断飞行世界纪录的保持者。它能中途不降落、不进食，一口气从阿拉斯加飞到新西兰，几乎穿越整个地球呢！

"捕食冠军是勺嘴鹬，它可爱又特别，还是珍稀鸟种呢。"阿境说出了自己的想法，不过他也觉得底气不足，毕竟勺嘴鹬的滤食行为不算罕见。

"我觉得应该给翻石鹬。在捕食这件事上，

胜利 =99% 的汗水 +1% 的运气 +1 张铁嘴！

等我休息够了再来，好吗？我跑不动了。

它可是付出艰辛'劳动'的呢！"禾妹提议道。

"有道理，那就给翻石鹬了。"阿境说，"我觉得应变奖要给大滨鹬，你看它们在数量锐减之后及时改变了栖息地。从爸爸给的数据看，在迁徙过程中，很多大滨鹬从先前韩国被毁坏的湿地转移到了中国黄渤海湿地呢。"

"嗯，这个我没意见。"禾妹表示同意。

接下来就轮到沙滩比武场了。捕食奖没什么悬念，花落擅长与海浪"打游击战"的三趾滨鹬。飞行奖该给谁呢？沙滩上的食物不够丰富，大多数来这儿的鸟只是歇息，很少飞起来炫技。

"颁给栗喉蜂虎吧。它们喜欢在沙滩上空飞，飞起来就像战斗机，给它错不了！"禾妹提议。

虽然阿境觉得这个提议有点勉强，但自己也没有更好的建议，就同意了。

"应变奖你觉得给谁呢？"阿境觉得这个

难题干脆也让禾妹解决算了。

　　"应变奖当然是给白颈鸦呀，沙滩上只要有吃的就飞过来，单打独斗赢不了时，就来一场群殴。"

　　禾妹的眼光真不错，阿境不得不服。

26

如释重负的评委

比武大赛排行榜新鲜出炉

轮到红树林比武场了。

禾妹歪了歪头，说："飞行奖给苍鹭，应变奖给中杓鹬，捕食奖……"她有点儿犹豫了。

"捕食奖给白鹭吧，你还记得它捕食时不停抖脚吓唬鱼虾的情景吗？"阿境说出了自己的想法。

"行，就白鹭了。它这么聪明，就该有个奖。"

现在是河口湿地比武场了。飞行奖肯定

163

属于小天鹅，应变奖获得者必须是中华凤头燕鸥——毕竟人家可是将自己"隐身"在大凤头燕鸥群里，躲过无数天敌才幸存下来的！但捕食奖该给谁呢？这又是一个难题。河口湿地上的鸟类，都能在海浪与河流中自由穿行，也能在咸淡水交汇的地方觅食，哪一个不是捕食行家呀？阿境和禾妹又一次沉默了。

"别想了，先吃冰激凌吧！"阿境爸爸像变魔术一样，忽然端来两份冰激凌。

孩子们看到冰激凌，眼睛都亮了，刚才的焦虑也顿时烟消云散。

禾妹看着雪白的冰激凌和上面红红的草莓酱，忽然想到了一种鸟。"红嘴巨鸥！捕食奖就颁给红嘴巨鸥。它们大嘴朝下，在海面上巡航，然后俯冲入水的样子，太帅了！"

"对，对！"阿境只顾着吃，腮帮鼓鼓的，一个劲儿地点头。

近岸淡水湿地和人工湿地被很多滨海鸟

类当作临时歇脚或觅食的场所。阿境和禾妹整理了一下去过的这类地方，包括兴化湾的湿地、厦门翔安的湿地、石狮湿地公园、金门岛上的慈湖、海门岛上的鱼塘和虾塘，以及这一年阿境没来得及去但禾妹去过的盐田。

"捕食奖应该给黑脸琵鹭。"禾妹想了想说。

"为什么？"阿境有些不明白。

"黑脸琵鹭的嘴很有特色，捕食时可以把水过滤掉，这一点和其他种类的鹭都不一样。"

阿境觉得禾妹说得有道理。他觉得下一个奖项应该由自己来提议，就抢先说："应变奖给白鹤，行不行？你看它多有闯劲啊！"

"行，白鹤算滨海的贵客。对了，飞行奖我也知道该给谁了！"

"等等，让我猜一猜，是白额雁对不对？"

"哈哈，不对！"禾妹故作神秘，"白额雁、

滨海小飞侠

豆雁和白鹤差不多，都是偶然来到我们这里的，有个代表拿了应变奖就可以了。"

"那你快说！"

"小云雀！"

"小云雀？我好像没看过啊！"阿境的脸上露出狐疑的表情。

"这种鸟是我和妈妈在盐田看到的。当

鸟类选手证

鸟名：小云雀

门派：鸟纲雀形目百灵科

体长：13—18 厘米

体重：24—40 克

特长：出色的飞行技能

分布区域：除了南极洲外的各大洲

栖息环境：开阔平原、草地、农田、沙滩等

生活习性：多成群活动，善于奔跑；以植物为食，也吃昆虫等动物性食物

时小云雀从盐田的田埂上一飞冲天，却没有飞远，而是在半空悬停，嘴里还不停地唱歌，过一会儿就从悬停变成上升，再悬停，再上升，歌声却不断，最后又像鹞（yào）式战斗机那样几乎垂直地落下。你说它的飞行技能是不是值得这个奖？"

阿境无比羡慕，转身对爸爸说："我也要去看小云雀，我也要去盐田！"

"好好好，今年安排上！"爸爸笑着答应了。

接下来就是最复杂的大型海岛比武场了。有了前面反复斟酌的经验，再面对金门岛、厦门岛、东山岛这些大型海岛上的众多鸟类，阿境与禾妹觉得似乎没那么难以下手了。然而，两人很快又犯难了。这些大型海岛上的鸟几乎囊括了其他几个比武场上的种类，这下真没得选了。

看着两个一筹莫展的孩子，阿境爸爸再次

提醒道："你们刚才提到的鸟儿，大多都是在地上或者海里觅食的。但这些海岛上还有一类鸟，它们可是空中格斗和猎杀的高手噢！"

"对啊，猛禽！"经爸爸一提醒，阿境

鸟类选手证

鸟名：游隼（sǔn）

门派：鸟纲隼形目隼科

体长：38—50 厘米

体重：623—880 克

特长：出色的飞行技能

分布区域：欧洲、亚洲、美洲、非洲

栖息环境：山地、丘陵、荒漠、海岸、草原等

生活习性：主要在空中捕食，发现猎物时快速升上高空，占领制高点，然后折起双翅，将头缩在肩部，以每秒 75—100 米的速度，近似垂直地从高空俯冲而下，靠近猎物时，稍稍张开双翅，利用高速俯冲的冲击力猛烈击打猎物或用尖锐如匕首的脚爪攫住猎物

反应了过来。

"哎，我们真糊涂，居然忘了猛禽！"禾妹也醒悟过来。

"飞行奖非游隼莫属。我看过它从空中扑向在水边休息的野鸭，那速度绝对碾压其他种类的鸟！"阿境抢先说。

"那捕食奖一定要给鹗，它在水里抓鱼几乎百发百中，而且将鱼抓到空中时，还会调整双腿，一前一后，将鱼身横放，和飞行方向一致，以降低飞行阻力呢。"禾妹也不甘示弱。

"行，那应变奖给凤头蜂鹰。虽然上次我们只看到一群凤头蜂鹰在厦门岛上空飞过，但那一群凤头蜂鹰竟然有四种颜色。要不是爸爸告诉我，我还以为是四种不同的猛禽呢！它们太狡猾了，战斗力不行，就模仿厉害的猛禽，狐假虎威。"说完，阿境又冲禾妹得意地笑道，"我知道你没看过凤头蜂鹰，哈哈——"

鸟类选手证

鸟名：凤头蜂鹰

门派：鸟纲隼形目鹰科

体长：50—62 厘米

体重：800—1200 克

分布区域：分布于中国、俄罗斯、日本和朝鲜，越冬于菲律宾、马来西亚和印度尼西亚，部分留居于印度、缅甸、泰国、马来西亚、菲律宾和印度尼西亚

栖息环境：通常栖息于密林中，一般筑巢于叶子大而茂密的树上

生活习性：喜食蜂类，主要以黄蜂、胡蜂、蜜蜂和其他蜂类为食，也吃其他昆虫

"哼，你也没看过小云雀。"两个人一边斗嘴，一边为终于完成评委的使命而无比开心。

滨海鸟类比武大赛结果公示

比武场	飞行冠军	捕食冠军	应变冠军
礁岩	白斑军舰鸟	褐鲣鸟	岩鹭
海湾	白额燕鸥	卷羽鹈鹕	普通鸬鹚
滩涂	斑尾塍鹬	翻石鹬	大滨鹬
沙滩	栗喉蜂虎	三趾滨鹬	白颈鸦
红树林	苍鹭	白鹭	中杓鹬
河口湿地	小天鹅	红嘴巨鸥	中华凤头燕鸥
近岸淡水湿地和人工湿地	小云雀	黑脸琵鹭	白鹤
大型海岛	游隼	鹗	凤头蜂鹰

公示期为三个月。公示期间如有异议，请于下一届比武大赛前提出。

梦里的颁奖典礼

虚惊一场

排行榜制作完毕，这天晚上阿境与禾妹都睡得特别踏实。阿境还梦到了给鸟儿们颁奖的画面。

梦里，各种不同的鸟都变成了鸟脸人身的模样，正列队准备上台领奖呢。

首先，阿境和禾妹要颁的奖是大型海岛比武场飞行冠军奖。

只见游隼威风凛凛地走到阿境和禾妹面前，接过冠军奖杯，然后用低沉的声音缓缓说道："很好很好！这个奖就该是我的！"

它威严的样子把阿境和禾妹吓得直吐舌头，心想幸亏给这个家伙颁奖了，要不然不知道会出什么事呢！

"为了表达我的感谢，我决定给你们一个惊喜。"

说完，游隼张开双翅，邀请阿境和禾妹坐到它的翅膀上，然后"嗖"地飞上云霄。

阿境和禾妹从空中俯瞰大地，哇，原来游隼正带着他们沿海岸线飞行呢！他们之前观鸟时走过的岛屿、湿地、沙滩、滩涂、红树林历历在目。

一大群鸟儿们跟在他们身后，叽叽喳喳地讨论下一年的比武大赛。

"明年得多派几个高手参赛才行……"领头的鸟说。

"我们会加紧训练，早日成为高手的。"后面的鸟争先恐后地说。

明年还要不要举办鸟类比武大赛呢？会不

会有更多的鸟慕名前来？阿境想。

　　"会的，许多以前没来过这里的正在赶来呢，这里的环境越来越好，越来越适合我们鸟类安家、旅游……"游隼似乎会读心术，看出了阿境的心思，"坐稳了，我要加速了。"

　　阿境一下子没抓住，"啊——"从空中摔了下来，醒了。

　　"哈哈——"他忍不住笑起来，也开始期待新的一年可以看到更多没见过的鸟儿。